AF601156

Extrait des Mémoires de l'Académie impériale des Sciences de Toulouse,
VIe SÉRIE, TOME I, PAGE 114.

REVUE CRITIQUE
DE LA DURÉE DES PLANTES
DANS SES RAPPORTS AVEC LA PHYTOGRAPHIE;

Lu, le 5 février 1863,

Par M. D. CLOS,

Professeur à la Faculté des Sciences et Directeur du Jardin des Plantes de Toulouse.

Le botaniste, journellement appelé à consulter les livres de phytographie, même les plus modernes, ne peut qu'être frappé du désaccord qui s'y montre au sujet de la durée assignée à certaines plantes, et se trouve naturellement conduit à se demander si les législateurs de la science ont donné sur ce point des règles suffisantes. Sans doute, dans le vaste domaine des êtres organisés, à part quelques transitions brusques, tout s'opère par gradations et nuances; et c'est là même un des plus beaux privilèges de cette étude. Mais la science est avant tout certitude et vérité; d'où la nécessité de redoubler d'efforts pour bien spécifier ce qui peut l'être et ne laisser indécis que ce que la nature a expressément voulu tel.

La question si importante de la durée des plantes peut être envisagée sous plusieurs faces. Au point de vue philosophique, elle se prête à des développements de l'ordre le plus élevé, soit qu'il s'agisse de la vie de la cellule prise isolément ou comme partie intégrante d'êtres plus ou moins complexes, soit qu'on veuille discuter l'âge de ces arbres qui, comme le Séquoia géant de la Californie, ou le Baobab, roi du Sénégal, semblent avoir une existence illimitée. Mais si attrayantes que soient les hautes considérations que comporte l'étude de la durée des plantes, elles ne sauraient trouver place dans cet écrit. Déjà les savants traités de physiologie végétale de De Candolle, de Treviranus et de Meyen leur ont consacré de belles pages, et on peut lire dans les *Nova acta naturæ curiosorum* (t. XXV, 1re part., pp. 63 et suiv.), un grand Mémoire de M. Jessen, sur tout ce qui a trait à la durée des végétaux, comprise dans son sens le plus large : il serait donc superflu d'y revenir ici. D'autres botanistes, Turpin, Aug. de Saint-Hilaire, MM. Al. Braun et Irmisch ont voulu déterminer le nombre d'axes de végétation propre à un certain nombre de plantes vivaces. Mais le côté purement pratique, si l'on peut ainsi dire, de la question, par cela même qu'il est moins brillant et qu'il offre moins d'attrait, a été un peu négligé, et j'ai pu croire qu'il ne serait peut-être pas inutile d'appeler spécialement sur lui l'attention des botanistes.

Après quelques considérations préliminaires sur la signification qu'il convient d'attribuer aux mots *Plantes vivaces* et *Souche*, je diviserai ce travail en six chapitres de la manière suivante : 1° *Examen de la durée d'un certain nombre d'espèces au sujet desquelles les auteurs sont en désaccord ;* 2° *détermination du degré d'importance que mérite le caractère de la durée en fait de classification ;* 3° *des divers modes de multiplication des plantes vivaces et leur division à ce point de vue ;* 4° *rapports de la durée avec d'autres caractères et avec les circonstances extérieures ;* 5° *causes qui peuvent induire en erreur sur la durée des plantes ;* 6° *signes employés ou à employer pour représenter les différences de durée.*

CONSIDÉRATIONS PRÉLIMINAIRES.

§ I. *Que faut-il entendre par plante vivace?*

Cette dénomination a été appliquée aux arbres, aux arbustes, aux sous-arbrisseaux, mais elle l'est plus encore aux plantes herbacées dont la durée dépasse deux ans. Toutefois, plusieurs auteurs ont donné de ces termes une définition, soit incomplète, soit erronée. Est-il exact de dire avec Lamarck (*Encycl.*, part. Bot., t. II, p. 233), Mirbel (*Elém. de physiol. et de bot.*, t. II, p. 387), et Desvaux (*Traité gén. de bot.*, p. 22), que les plantes vivaces perdent leurs tiges en hiver et conservent leurs racines? Il est vrai qu'à cette époque peu avancée de la morphologie végétale, on confondait souvent, sous ce nom de racine, toute partie axile hypogée (1). Or, d'une part, en 1841, Auguste de Saint-Hilaire écrivait, parlant des plantes qui ne prolongent leur existence que par une portion d'elles-mêmes végétant sous le sol : « C'est à tort que l'on dit ces plantes vivaces par les racines, car leurs prétendues racines sont des tiges souterraines, et leurs tiges annuelles de simples rameaux (*Morphol. végét.*, p. 45) ; » et de l'autre, M. Duchartre a fait observer que « l'expression de plantes à racine vivace et à tige annuelle est inexacte, parce que la portion qui persiste sous terre n'est pas formée seulement par la racine, mais bien par la racine et par la base persistante de la tige (in *Dict. univ. d'hist. nat.*, t. XIII, p. 259). » Il est certain que dans les plantes citées par Mirbel (*Aster*, *Solidago*, Ulmaire), une partie de tige continue à vivre sous le sol. C'est donc à tort que quelques floristes modernes considèrent encore comme synonymes, les expressions *plantes vivaces* et *racines vivaces*, ou celles-ci *plantes annuelles* et *racines annuelles*. En effet, ou les termes *racine vivace* employés pour désigner une espèce vivace sont incomplets, comme on vient de le voir, ou ils sont erronés; car il est quelques plantes vivaces (celles dites à racine rongée, exemples : *Primula officinalis, Scabiosa Succisa*, etc.), qui perdent de bonne heure leur pivot, ou qui même, comme l'*Euphorbia dulcis*, ont une racine annuelle, bientôt remplacée par des racines adventives.

---

(1) De Candolle lui-même écrivit d'abord : « Les plantes vivaces par leur racine seule, se désignent par le signe ♃ (*Théor. élém.*, 1re édit., p. 480, et 3e édit., p. 427), mais dans son *Organographie*, page 258, il s'attache à distinguer les tiges souterraines des racines, distinction déjà entrevue par Rai en 1686, car on lit dans l'*Historia plantarum* du savant anglais, page 4, à propos des tiges souterraines des *Mentha*, *Ptarmica* etc. : « *Caules potius subterraneos videri quam radices.* »

Mais n'y a-t-il pas des plantes vivaces uniquement par les racines, c'est-à-dire des plantes dont la tige se détruit totalement chaque année, et dont les racines persistant seules émettent des bourgeons? Bien que je ne puisse citer des faits de ce genre, je présume qu'il en existe, car on en connaît qui s'en rapprochent beaucoup. C'est ainsi, d'après M. Prillieux, que le *Neottia Nidus-avis* Rich., plante monocarpienne, voit périr, après la floraison, son rhizome et sa tige florale, y compris les bourgeons axillaires, tandis que certaines racines devenues libres et terminées par un bourgeon, sont chargées de la perpétuer (in *Bullet. Soc. bot. de France*, t. IV, p. 43). Ainsi encore, d'après M. Jordan, les *Hypericum perforatum* et *microphyllum* se multiplient, lorsque la plante n'a fleuri qu'une fois ou n'a pas encore fleuri, à l'aide de bourgeons nés sur les fibres secondaires des racines des jeunes individus et qui ne tardent pas à se séparer de la plante-mère (in Billot, *Annot.*, p. 14). Dans les trois plantes qui viennent d'être citées, les racines gemmifères se séparent du pied-mère. Il en est peut-être autrement chez l'*Ophioglossum vulgatum* L., qui, d'après l'observation de M. Duval-Jouve, émet des racines douées de la propriété de donner naissance à des bourgeons, points de départ des tiges verticales (*Etudes sur le pétiole des Fougères*, p. 25, extrait des *Annotations* de M. Billot).

Cet exemple rappelle celui de ces arbres qui, comme le *Broussonetia papyrifera*, l'*Aylanthus glandulosa*, les *Populus alba* et *Tremula*, l'Orme, le Tilleul et l'Erable produisent si facilement des bourgeons de leurs racines. M. Muenter a reconnu chez plusieurs espèces de *Tropæolum* (*T. tricolorum*, *T. brachyceras*, *T. azureum*, *T. violæflorum*, etc.), la formation, *à l'extrémité du pivot*, d'un tubercule persistant plusieurs années et donnant annuellement un ou plusieurs jets épigés de son pôle gemmaire, tandis qu'à l'autre pôle, il émet des racines (voy. *Botanische Zeitung*, 3e année, p. 595). Enfin, le tubercule de la Batate (*Batatas edulis* Chois.), n'est-il pas encore dans la catégorie des racines propageant l'individu?

§ II. *Signification du mot Souche.*

Plusieurs auteurs ont donné le nom de *Souche* à cette partie de la plante qui, composée d'une racine pivotante ou fibreuse et d'une base de tige, reste en hiver sous le sol ou l'affleure : C'est ainsi que MM. Grenier et Godron donnent au *Raphanus Landra* une souche vivace (*Flore de France*, t. 1, p. 72). Mais malheureusement ce terme a été souvent détourné de cette signification. On lit au mot *Souche*, dans la *Théorie élémentaire* de De Candolle, 1re édit., p. 323 : « Ruellius et Tournefort désignent ainsi la tige des arbres (aujourd'hui tronc) ; Link la base vivace des tiges annuelles qui, après la mort de la partie supérieure, prend l'apparence d'une racine et émet l'année suivante de nouvelles tiges. » Ultérieurement, le savant de Genève écrivait : « Quelquefois la partie inférieure de la tige se durcit à la fin de l'automne et persiste *hors de terre* après la mort de la partie supérieure, sous la forme d'un tronçon plus ou moins allongé. Cette partie persistante a reçu le nom particulier de *souche* (caudex), quand elle est à fleur de terre, ou de *rhizome* (rhizoma) quand elle est cachée sous terre (*Org. végét.*, t. 1, p. 149). » Desvaux et M. Germain de Saint-Pierre désignent sous ce nom la partie souterraine d'une plante vivace, le premier, distinguant la *souche-rhizome*, la *souche-turionaire*, la *souche-colidie* (*Traité gén. de bot.*, p. 41); le second, la *souche à racine pivotante*, la *souche à rhizomes et à stolons*, la *souche cespiteuse* (*Guide du bot.*, p. 781). Ach. Richard (*Elém.*, 7e édit. et *Précis de bot.*) et M. Hœfer (*Dict. de bot.*), qui l'a suivi, donnent pour synonymes au mot *souche*, les mots *rhizome*, *pivot*, *caudex descendant*, confondant sous cette dénomination et la tige souterraine (*rhizome*), et la racine qui s'enfonce verticalement, ou *pivot*. Enfin, M. Chatin (*Anat. comp. des végét.*, p. 116, en note), et moi (*Ebauche de la Rhizotaxie*), avons considéré le mot *souche* comme synonyme de pivot. Dès lors il serait mieux, à coup sûr, pour éviter désormais toute amphibologie, de s'en tenir au mot *rhizome* et de rayer, à l'exemple de Mirbel

(*Elém. de physiol.*), de M. Alph. De Candolle (*Introd. à la bot.*), d'Aug. de Saint-Hilaire (*Morphol.*), et d'Adrien de Jussieu (*Cours élém.*), le mot *souche* du langage botanique. Le rhizome sera allongé ou compacte, simple ou rameux, souterrain ou cespiteux (offrant une portion affleurant le sol), à moins qu'on ne voulût, dans ce dernier cas, le désigner sous le nom de *cespes*, d'après cette définition de Linné : *Cespitosa planta fit cum multi caules ex eadem radice prodeunt* (*Philos. bot.*, édit. Willd., nº 277). Toutefois, il faut bien distinguer du rhizome le *collet tubéreux*, ou *tubercule colliaire* des *Cyclamen*, de l'*Eranthis*, de l'*Umbilicus pendulinus*, des *Bunium* et *Conopodium* : le renflement de ces Ombellifères est appelé *racine à bulbe arrondi*, par De Candolle (*Fl. fr.*), *racine globuleuse*, par M. Boissier (*Diagn. plant. hisp.*, 1842, p. 14), *souche bulbiforme*, par MM. Grenier et Godron ; pour ces deux derniers auteurs, la tubérosité de l'*Umbilicus* est une racine tubéreuse, celle de l'*Eranthis* un rhizome épais que MM. Cosson et Germain qualifient de souche tubéreuse.

CHAPITRE PREMIER.

EXAMEN D'UN CERTAIN NOMBRE D'ESPÈCES AU POINT DE VUE DE LA DURÉE.

§ I. *Des plantes pérennantes.*

Dès 1828, M. Fries appelait *pérennantes* les plantes qui fleurissent au moins deux années de suite, sans avoir néanmoins une durée illimitée : telles *Cerastium triviale*, *Diplotaxis viminea*, *Herniaria hirsuta* et *H. glabra*, *Sagina procumbens* (*Novit. Fl. suec.*, ed. 2, p. 123). Et bientôt après, le vénéré doyen de la botanique française, M. J. Gay, confirmait l'opportunité de cette distinction en rapportant le *Viola tricolor* au groupe des pérennantes (in *Annal des Scienc. nat.*, 1re sér., t. XXVI, p. 233). Plus près de nous, M. Jordan séparait du *V. tricolor* annuel (et divisé depuis par le même auteur en plusieurs prétendues espèces), son *V. vivariensis*, différant du premier au point de vue de la durée « par sa racine presque vivace, bisannuelle ou trisannuelle tout au plus (*Observ. s. plant. nouv. ou crit.*, 1er fragment, p. 19). » Peut-être, en effet, convient-il de le distinguer sous cette dénomination ou sous celle de *V. montana* Kirsch., à titre d'espèce ou de sous-espèce.

Mais les exemples de plantes pérennantes cités plus haut, sont-ils bien choisis? Le *Diplotaxis viminea*, et l'*Herniaria hirsuta* m'ont paru le plus souvent annuels; et Loiseleur Deslongchamps écrivait en 1810, au sujet de l'*Herniaria glabra* L.: « Cette plante n'est point annuelle, comme tous les botanistes l'ont cru jusqu'à ce jour (*Notice s. pl.*, p. 44). En 1815, Lapeyrouse reconnaissait également que l'*H. glabra* est vivace et non annuel; mais il croyait annuel son *H. latifolia* (*Hist. abrégée des pl. Pyr.*), qu'en 1832, M. J. Gay décrivait comme vivace sous le nom d'*H. pyrenaica*, l'*H. hirsuta* étant pérennant aux yeux de ce dernier savant. M. Decaisne s'est prononcé lui aussi sur la durée de ces plantes: « Les *Herniaria glabra* et *hirsuta* donnés par les botanistes comme annuels, se rencontrent fréqu-mment à tiges vivaces et même ligneuses, et l'espèce décrite par M. De Candolle dans sa *Flore française*, sous le nom de *cinerea* et indiquée par lui comme annuelle, est représentée dans son Herbier de France, par une plante évidemment vivace (Voy. *Annal. des Scienc. nat.*, 1re sér., t. XXII, p. 90). » Mais encore aujourd'hui, on est loin de s'accorder à cet égard. MM. Cosson et Germain signalent comme annuels ou bisannuels les *H. hirsuta* et *glabra*, inscrits avec le signe ♃ par De Candolle, par Koch, par MM. Grenier et Godron: l'*H. hirsuta* qui était annuel pour Lapeyrouse, est dit vivace par M. Kirschleger: quant à l'*H. cinerea*, donné comme vivace par MM. Grenier et Godron, et d'abord aussi par De Candolle, puis comme annuel par l'auteur du *Prodromus regni vegetabilis*, comme annuel ou bisannuel par de Pouzolz (*Flore du Gard*), ce pourrait bien être une espèce pérennante, à en juger par des échantillons d'Herbier; s'il en est ainsi, le nom de *H. annua* imposé à cette plante par Lagasca, un an, il est vrai, après qu'elle eut été distinguée par De Candolle, est erroné.

J'ai vainement cherché la mention du mot *pérennant* dans mes Dictionnaires ou Éléments de botanique (1). Toutefois, il est évident que le signe ♃ ne peut convenir à ces plantes, pas plus que cet autre ♂. Pourquoi ne désignerait-on pas ces subvivaces par le signe sub-♃? N'emploie-t-on pas dans la phytographie les expressions *subperennans* (Boiss. *Diagn. pl. ori*, n° 1, p. 55), *suffruticosa ?*

§ II *Distinction des plantes annuelles et bisannuelles.*

Cette distinction donne souvent prise à de sérieuses difficultés. Aussi voit-on sous ce rapport beaucoup de divergence chez les auteurs. Ainsi, MM. Grenier et Godron appliquent le signe ♂ au *Centaurea Cyanus*, au *Caucalis daucoides*, au *Torilis Anthriscus*, à l'*Echinospermum Lappula*, tandis que De Candolle (*Prodr.*) range avec raison les trois premières plantes citées parmi les annuelles, donnant à la quatrième les signes ⊙ ♂.

C'est, je pense, par suite d'une fausse interprétation, que l'on a coutume de réserver uniquement la dénomination d'annuels aux végétaux qui, nés à la fin de l'hiver ou au commencement du printemps, périssent peu de temps après, ou dès l'apparition des premiers froids de l'hiver suivant; car elle est tout aussi annuelle la plante qui, ayant germé vers la fin de l'automne ou au commencement de l'hiver, fleurit au printemps ou à l'été suivant et meurt ensuite, comme c'est le cas pour la plupart de nos céréales et souvent aussi pour les espèces suivantes : *Echinospermum Lappula*, *Jasione montana*, *Diplotaxis muralis*, *Asteriscus spinosus*. Ainsi s'explique la différence de durée assignée à l'*Erythræa Centaurium*, dit bisannuel par MM. Grenier et Godron, annuel par M. Grisebach (in De Candolle, *Prodr.*, t. VIII, p. 58), tandis que

---

(1) Bischoff le signale (*Lehrb. der Bot.*), mais à titre de synonyme peu usité de vivace : PERENNANS = *perennis aber weniger üblich*. C'est en effet dans ce sens que l'emploient encore quelques auteurs modernes; mais il convient désormais d'établir entre les mots *vivace* et *pérennant* (*perennis*, *perennans*), une différence radicale en phytographie.

l'*E. pulchella* Horn. reçoit des premiers les signes ⊙ ♂, et du second, le signe ⊙ : On comprend de même comment le *Sedum Cepæa* est dit annuel par MM. Grenier et Godron, annuel et bisannuel par De Candolle (*Prodr.*) ; comment l'*Asteriscus spinosus* Gr. God. a été vu annuel par Villars (*Dauph.*), et De Candolle (*Fl. fr.* et *Prodr.*), bisannuel par les auteurs de la *Flore de France* (1) ; comment le *Cephalaria pilosa* Gr. God. porte dans le *Prodromus* le signe ♂, et dans la *Flore de France* ⊙ ; comment enfin le *Carduus tenuiflorus* L., est suivi dans les deux derniers ouvrages des signes ⊙ et ♂. Mais la végétation de ce chardon est tout autre que celle du *Carduus nutans* L., du *Cirsium eriophorum* Scop., espèces réellement bisannuelles. — Le *Triticum vulgare* reçoit des auteurs deux variétés, l'une *æstivum s. annuum*, l'autre *hybernum s. bienne;* mais les deux sont en réalité annuelles. — Dans nos contrées méridionales, le *Centaurea solstitialis* L. est annuel, et il figure comme tel dans les ouvrages de MM. Grenier et Godron, Lagrèze-Fossat, etc. M. Kirschleger, au contraire, l'inscrit avec certitude comme bisannuel (*Flor. d'Als.*, p. 452). — Seringe (in De Candolle, *Prodr.*) et M. Duby ont donné comme annuel le *Melilotus officinalis* Lam., tenu pour bisannuel par Koch, par MM. Cosson et Germain, Grenier et Godron, Lloyd, Kirschleger, etc. ; le *M. dentata* bisannuel aux yeux de Koch et de M. Kirschleger, est vivace pour M. Seringe, et il se conduit comme tel au Jardin de Toulouse.

Les auteurs indiquent comme bisannuels le salsifis (*Tragopogon porrifolius*), et le *Scorzonera hispanica*. Cependant, je lis, à propos de ces plantes, dans la *Maison rustique du* XIXe *siècle*, t. V, p. 228 : « Elles offrent une particularité qui ne se reproduit dans aucun autre légume-racine ; elles n'atteignent leur développement complet qu'après avoir porté graine deux fois de suite. »

On ne devrait appeler bisannuelles que les espèces dont la

(1) Gussone (*Floræ Siculæ synops.*, t. 2, p. 505) applique à tort à cette espèce le signe ♃.

végétation a deux périodes bien marquées, l'une d'accumulation, l'autre de dépense pour la fructification, ces périodes s'opérant chacune en un an (carotte, betterave, plusieurs *Cirsium*, etc.). Quelquefois, même pour ces plantes normalement bisannuelles, la période d'accumulation fait défaut en tout ou en partie, et on les voit fleurir dès la première année ; comme il arrive accidentellement aux carottes et aussi à l'*Onopordon Acanthium* qui, dans ce cas, ne donne qu'un seul capitule ; mais ces exceptions ne sauraient infirmer la règle. On s'explique ainsi comment le *Reseda Luteola* L., reconnu bisannuel par la plupart des auteurs, a été dit annuel par Linné, par MM. Jacques et Hérincq (*Manuel des pl.*) ; comment il figure comme *plante imparfaitement bisannuelle* dans la *Maison rustique* du XIXe siècle ; Dreves et Hayne ont écrit à son sujet : « La Gaude se trouve bisannuelle et aussi annuelle ; celle qui est cultivée en plusieurs contrées de l'Allemagne est annuelle (*Bot. Bilderb.* 3e vol. ou *Getreue Abbild.*, p. 166) » — Tous les auteurs assignent une durée de deux ans à l'*Anarrhinum bellidifolium* Desf. (1) ; mais certains pieds en fruit à la racine très-grêle m'ont paru n'être âgés que d'un an.— L'*Althæa rosea* et le *Michauxia lævigata* sont dits bisannuels, le premier par De Candolle (*Prodr.*), le second par son fils (*Monogr. des Camp.* et *Prodr.*), trisannuels par le *Bon Jardinier*. Seraient-ils trisannuels lorsqu'ils sont semés dans nos serres à l'automne, bisannuels lorsque la graine germe au printemps ? — Les *Cynoglossum cheirifolium* et *pictum* sont annuels pour Mutel, pour MM. Grenier et Godron. Koch tient aussi pour annuel le *C. pictum*. Je crois que c'est à bon droit que De Candolle (*Prodr.*), applique à ces espèces le signe ♂.

§ III. *Distinction des plantes annuelles et vivaces.*

Il semble que cette distinction soit toujours facile ; mais il n'en est pas toujours ainsi.

---

(1) Koch a tort d'appliquer à cette espèce le signe ♃ (*Synops. flor. germ.*)

A Dans sa *Flore française*, De Candolle signale d'abord, mais avec doute, l'*Andryala sinuata* L., comme vivace, et l'*A. integrifolia* L., comme annuel (t. IV, p. 37). Plus tard, soit dans le *Supplément* de cet ouvrage (p. 445), soit dans le *Prodromus* (t. VII, p. 246), il considère ces deux plantes comme bisannuelles, tandis que MM. Grenier et Godron les réunissent en une seule espèce dont ils font suivre la description du signe ⊙; et, en effet, nous l'avons toujours vue fleurir dès la première année au Jardin botanique de Toulouse. — Le *Linaria supina* Desf., donné comme vivace par M. Bentham (in de Candolle, *Prodr.*), est, à bon droit, dit annuel par la plupart des phytographes. — L'*Erythræa diffusa* Woods, qui figure comme annuel dans le *Prodromus* (t. IX, p. 59), est vivace et même à tiges et feuilles persistantes, d'après les observations de M. Le Jolis (*Obs. s. pl. de Cherbourg*). — Quatre autres plantes vivaces, le *Lepidium Draba* L., le *Phaseolus multiflorus* Willd., l'*Anagallis tenella* L. et le *Wahlenbergia hederacea* Rchb., sont indiquées comme annuelles, la première, par De Candolle; la seconde, par Steudel (*Nomencl. bot.*); la troisième, par MM. Grenier et Godron; la quatrième, par Mérat. — Steudel assigne une durée annuelle (opinion partagée avec doute par De Candolle), au *Matricaria nigellæfolia* qui se montre vivace au Jardin des Plantes de Toulouse. — Le *Plantago major* L., donné comme annuel dans le *Prodromus* (t. XIII, p. 694), est dit vivace par MM. Koch, Boreau, Lloyd, Cosson et Germain; et à propos du *P. lanceolata* L., on lit dans l'ouvrage cité : ♂ *vel in Sabulosis* ⊙, alors que MM. Cosson et Germain, Grenier et Godron, Boreau, Lagrèze-Fossat inscrivent cette espèce comme vivace — Le *Bellium bellidioides* figure comme plante annuelle dans les ouvrages de De Candolle, et comme vivace dans la *Flore de France;* c'est une espèce bien grêle sans doute, mais elle émet des stolons, ce qui semble indiquer une assez large durée.

On s'étonne de voir d'une part l'*Hordeum murinum* L., espèce incontestablement annuelle, donnée comme vivace par

Nees d'Esenbeck (in *Linnæa*, t. VII, p. 304), et par Steudel (*Nomencl. bot.*); de l'autre l'*Alopecurus geniculatus* inscrit comme annuel par MM. Boreau, Lagrèze-Fossat, Grenier et Godron, Duchartre, comme vivace par Saint-Amans, Desfontaines, Gussone, Kunth, Steudel, par MM. Cosson et Germain, Lloyd. — Le *Scirpus setaceus* L., m'a toujours paru annuel, et il est décrit comme tel par plusieurs auteurs (Mutel, Kunth, Nees d'Esenbeck, Koch, Steudel, Kirschleger); mais pour Wahlenberg et De Candolle, il est vivace, et MM. Grenier et Godron lui appliquent les signes ☉ ou ♃. — Est-ce par suite d'une erreur typographique, ou en vue de redresser une erreur, que le *Borrago laxiflora* est donné comme annuel par ces derniers phytographes, alors que Desfontaines, De Candolle (*Fl. fr.* et *Prodr.*), Mutel et Steudel inscrivent cette espèce avec le signe ♃? Un échantillon fleuri que j'ai sous les yeux, me montre une racine assez grêle, et peu en rapport avec le caractère que doit offrir cet organe dans une plante vivace. — L'*Oxalis crenata*, reconnu aujourd'hui vivace par tous les horticulteurs, figure comme plante annuelle dans le *Prodromus* et dans le *Nomenclator* de Steudel. — L'*Ecbalium Elaterium* Rich., donné comme annuel par Saint-Amans, Koch, Steudel, M. Kirschleger, reçoit à bon droit le signe ♃ de MM. Grenier et Godron, et Lloyd.

B. Au nombre des plantes semi-aquatiques, décrites partout comme vivaces, il en est deux qui m'ont parfois paru ne vivre qu'un an. Tel le *Veronica Anagallis* L. qui se comporte comme plante annuelle au Jardin des Plantes de Toulouse, et que j'ai vu ailleurs dans des fossés périr après la floraison; tandis que dans des conditions identiques, le *V. Beccabunga* L. conserve constamment ses caractères d'espèce vivace. Tel encore le *Ranunculus hederaceus* L. J'avais vu au printemps dernier un tapis serré de verdure formé par cette espèce dans une flaque d'eau de la Montagne Noire; et à la fin d'août, j'en cherchais vainement les traces dans la même localité encore inondée.

Ni Linné, ni Lamarck n'avaient assigné de durée aux *Calli-*

triche qui, plus près de nous, sont donnés comme annuels par Desfontaines, par Mutel, par Mérat, par De Candolle (*Prodr.*), par Steudel (qui ne fait d'exception que pour le *C. stagnalis*, suivi dans le *Nomenclator* des indications ⊙ ♃). MM. Cosson et Germain disent ces plantes annuelles et vivaces. Cependant, dès 1832, M. Kuetzing avait déclaré dans un travail spécial sur les *Callitriche*, que le *C. verna* L. est vivace comme les autres *Callitriche* d'Allemagne (in *Linnæa*, t. VII, p. 176). Aussi de nos jours, la plupart des floristes Koch, MM. Boreau, Grenier et Godron, Kirschleger, Lagrèze-Fossat, Lloyd assignent à ces plantes le signe ♃.

La durée des *Najas* est restée longtemps douteuse. Si plusieurs auteurs, Koch, MM. Grenier et Godron, Cosson et Germain les disent annuels ; il en est d'autres qui ont cru devoir être plus réservés ; ni Endlicher (*Genera*), ni Chamisso (in *Linnæa*, t. IV, pp. 498 et suiv.), ni Kunth (*Enum. plant.*, t. III, pp. 112 et suiv.) n'assignent de durée aux *Najas*. Le seul *Najas graminea* Del., reçoit de Kunth le signe ⊙. M. Kirschleger ne se prononce pas sur la durée du *N. minor*, mais dit vivace le *N. major*. Cependant, M. de Schlechtendal a reconnu que le *N. major* est bien une espèce annuelle, ce botaniste ayant pu étudier son développement depuis son origine jusqu'à la maturité complète du fruit, qui est suivie de la décomposition de toute la plante; les pieds femelles se montrèrent à lui au printemps, et les pieds mâles au commencement de juillet (in *Linnæa*, t. X, p. 229).

Les Cératophyllées sont données par les principaux phytographes (De Candolle, Kunth, Mérat, Grenier et Godron, Cosson et Germain, Kirschleger), comme vivaces. Toutefois, ni Endlicher (*Genera*), ni M. Lindley (*The veget. Kingd.*), ne se prononcent à cet égard ; et dès 1837, M. Schleiden, dans une étude spéciale sur ces plantes, n'osait résoudre cette question. Il avait énoncé d'abord que, si elles sont vivaces, ce ne peut être que par un rhizome souterrain (in *Linnæa*, t. XI, p. 532) ; mais il ajoutait l'année suivante que le *Ceratophyllum* est une plante libre, non fixée au sol par des racines, et qui manque même de racines (*Ibid.*, t. XII, p. 346). Peut-il y avoir rhizome sans racines ?

Le *Trapa natans* L., figure comme annuel dans la plupart des traités de phytographie, comme vivace dans la *Flore* d'*Alsace* de M. Kirschleger. Cependant M. Barnéond, qui a suivi cette espèce dans toutes les phases de son développement, déclare qu'elle est annuelle comme ses congénères de l'Inde ou de la Chine (in *Annal. Sc. nat.*, 3e sér., t. IX, p. 222).

Ne serait-ce pas le propre de plusieurs végétaux aquatiques d'avoir une durée différente suivant les conditions dans lesquelles ils se trouvent ?

C. Mais voici un certain nombre de plantes se propageant principalement par des bourgeons qui se détachent ; dites vivaces par la plupart des auteurs, elles n'en doivent pas moins former une catégorie particulière :

1° Dreves et Hayne d'une part (*Bot. Bilderb.*) (1), Turpin et Poiteau de l'autre (*Flore des env. de Paris*), ont reconnu que les Utriculaires portent au sommet des rameaux, de gros boutons qui, après la mort du pied-mère, se détachent, tombent au fond de l'eau, y passent l'hiver, émettent au printemps des racines qui s'implantent dans la vase et reproduisent la plante. Ce même phénomène a été encore récemment signalé

---

(1) Dreves et Hayne ont décrit et figuré les premiers la propagation de leur *Utricularia intermedia* à l'aide de bourgeons qu'ils appellent en français *sautelles*, traduction du latin *propago*, de l'allemand *Fortsatz* Willd. On lit dans le *Botanisches Bilderbuch* de ces auteurs, liv. 3, pag. 106, à propos de cette espèce : « D'une *sautelle* ovale, un peu courbée, qui consiste d'écailles trifides, garnies au bord d'un poil délicat par touffe, provient une tige cylindrique, etc. » Or, dit Bosc, la sautelle désigne dans l'Orléanais et autres lieux, la marcotte d'un sarment de vigne (*Nouv. cours d'Agric.*). J'ai proposé ailleurs (*Bull. Soc. bot.*, t. IX, p. 317), de réserver le mot *propagule* pour les Acotylédones. Faut-il adopter le mot *sautelle* en botanique ou se contenter des expressions *bourgeons mobiles* ? Les botanistes décideront. — Koch, MM. Grenier et Godron, Kirschleger, Alph. De Candolle et autres, font honneur de l'*U. intermedia* à Hayne seul (in Schrad. *Journ.* 1800) ; mais cette espèce est déjà figurée avec tous ses détails et décrite dans l'ouvrage cité plus haut, qui porte la date de 1798, et elle doit être attribuée aux deux auteurs de ce livre.

par MM. Crouan frères (Voy. le t. v du *Bullet. de la Soc. bot. de France*, pp. 27-29).

2° M. Caspary nous apprend que l'*Hydrilla verticillata* persiste pendant l'hiver à l'état de bourgeons cylindriques-claviformes (bourgeons hibernants), qui se forment de l'extrémité des branches par la réduction des feuilles à l'état d'écailles, et parce que toutes les cellules, même les plus extérieures de la tige et des feuilles, se gorgent de fécule (Voir *Annal. des Scienc. nat.*, 4ᵉ sér., t. IX, p. 390, et *Bullet. Soc. bot.*, t. v, p. 300.

3° C'est encore à la persistance de la vie dans son bourgeon terminal que l'*Aldrovandia vesiculosa* L. doit peut-être souvent sa conservation et sa multiplication dans une même localité, comme il ressort des recherches de MM. Durieu de Maisonneuve et Chatin (Voy. le t. v du même Recueil, pp. 581 et suiv.), et comme l'avait déjà reconnu Monti, il y a plus d'un siècle, car ce naturaliste a écrit : « La plante porte rarement des fruits ; la nature y supplée en faisant naître, vers la fin de l'automne, à l'extrémité de la tige et du rameau, des germes composés de feuilles roulées et étroitement repliées. Au commencement de l'hiver, lorsque la plante est pourrie, ces germes gagnent le fond de l'eau et forment de nouvelles plantes (Voir *Bullet. Soc. bot.*, t. VIII, p. 521). »

4° En 1856, j'ai appelé l'attention de la Société botanique de France sur le curieux mode de propagation à l'aide de bourgeons cornés du *Potamogeton crispus* L. (Voy. t. III, du *Bulletin* de cette Société, p. 350), phénomène qui avait été déjà brièvement signalé par M. L. C. Treviranus (*Physiol. der Gewæchse*, t. II, p. 643).

5° Sont-ce des bourgeons normaux qui multiplient le *Stratiotes aloides*, croissant, d'après Nolte, dans l'Europe septentrionale, depuis 48 jusqu'à 68° de latitude nord, mais n'offrant les deux sexes que depuis le 52ᵉ jusqu'au 55ᵉ ?

6° Je lis dans un manuscrit de feu Raffeneau-Delile : « On trouve en hiver les bourgeons de l'*Hydrocharis Morsus-ranæ* disséminés sous forme de bulbilles qui roulent au fond de l'eau. Ces bulbilles, que j'ai vu reproduire la plante beaucoup plus que les graines, deviennent flottants, cessent de plonger, étant bourrés d'air par l'influence du printemps, et couvrent l'eau de végétations pour tout l'été. » M. Caspary, à son tour, signale l'existence de ces bourgeons particuliers (Voy. *Annal. des Sc. nat.*, 4e sér., t. IX, p. 342).

Desfontaines et Mérat désignent les *Lemna* et les *Chara* comme plantes annuelles. Steudel, MM. Cosson et Germain, Grenier et Godron les imitent en ce qui concerne les *Lemna*. Mais les auteurs de la *Flore de France* n'assignent pas de durée aux *Chara*, tandis que MM. Cosson et Germain se bornent, à l'exemple d'Endlicher, à les déclarer, d'une manière générale, annuels ou vivaces. Desvaux applique au *C. translucens* Pers. les signes ⊙ ♃ (in Loiseleur Deslongchamps, *Notice s. pl.* p. 135).

M. Schleiden admet que les frondes des *Lemna* meurent tous les ans après avoir émis des propagules (in *Linnæa*, t. XIII, p. 338). D'après Hoffmann et Mérat, elles disparaissent en novembre en s'enfonçant dans l'eau, où elles pourrissent; et le dernier ajoute : « Les *Lemna minor* et *gibba* sont les seuls qui passent souvent l'hiver en surnageant l'eau (*Rev. de la Flore paris.*, p. 170). Au rapport de M. Kirschleger (*Flore d'Alsace*, t. 2, p. 220), Vallisneri et Hallher ont observé que le *L. polyrhiza* gagne en hiver le fond des eaux, et remonte au printemps suivant. Quant aux *Chara*, M. Montagne a reconnu que le *C. stelligera* se propage à l'aide de ses cellules amylophores (in *Annal. des Sciences nat.*, 3e série, t. XVIII, p. 65); et M. Durieu de Maisonneuve a constaté le même fait sur le *C. fragifera* (V. *Bull. Soc. bot.*, t. VI, pp. 179 et suiv.)

Des Charagnes aux Conferves il n'y a qu'un pas. Vaucher énonce que celles-ci *sont des plantes annuelles*... dont la durée *ne va guère au delà de quatre ou cinq mois*..., *qui périssent lorsqu'elles ont donné leurs graines, et dont par conséquent les tubes ne repoussent jamais* (*Hist. des Conferv. d'eau douce*, p. 19). Mais on sait que la plupart de ces plantes possèdent, outre la reproduction sexuelle par spores, la propriété de se multiplier asexuellement par des zoospores qui deviennent libres et qui, au point de vue physiologique, représentent, jusqu'à un certain point, les bourgeons mobiles et les cellules amylophores des autres plantes aquatiques.

Il est probable que cette liste de plantes aquatiques, la plupart phanérogames, à végétation annuelle, mais à bourgeons propagateurs mobiles ou de scissiparité, s'augmentera d'un assez grand nombre d'autres. Il peut paraître étrange, au premier abord, d'appeler ces plantes *vivaces*, comme le font les auteurs. Elles tiennent, en effet, le milieu entre les vivaces et les annuelles. Toutefois, si on a recours à des considérations physiologiques, et que l'on compare leur mode de développement à celui d'un rhizome ou d'une tige rampante qui se détruit d'un côté en même temps que de nouveaux bourgeons se forment de l'autre, on reconnait qu'elles s'éloignent plus des annuelles que des vivaces. Dès lors, ne conviendrait-il pas de les comprendre désormais sous la dénomination de *semi-vivaces* et de les représenter par les signes 1/2♃ ou semi-♃ (1).

D. Mais il faut avoir grand soin de distinguer ces semi-vivaces des vraies vivaces à bourgeons également mobiles, telles que l'*Alisma parnassifolium* et le *Sagittaria sagittæfolia*.

D'après Gorski, la première de ces plantes ne se propage, en Lithuanie, que par des bourgeons devenus libres, bien

---

(1) Cette distinction a été sentie par l'auteur de l'*Anatomie comparée des végétaux*. Après avoir écrit que l'*Hydrocharis Morsus-ranæ* L. *est vivace*, M. Chatin ajoute en note cette judicieuse restriction : « Est-ce bien avec raison que cette plante est dite vivace? Chaque année, en effet, la plante qui a végété et produit successivement un nombre infini de stolons caulipares, périt tout entière, ne laissant, comme l'Utriculaire, le *Myriophyllum* et bien d'autres plantes aquatiques, que des gemmes ou bulbilles chargés de produire de nouveaux individus l'année suivante (*Anat. comp.*, t. I, p. 6) »; et plus loin, « ces gemmes, analogues à ceux que j'ai signalés dans les *Potamogeton*, l'*Utricularia*, divers *Juncus*, etc., grossissent sur la fin de la végétation de la plante, deviennent libres par la destruction de celle-ci, et tombent au fond de l'eau pour se développer au printemps. Ces organes, en apparence accessoires comme les rameaux tubériformes de la Sagittaire, sont en réalité le plus sûr moyen de reproduction de ces plantes (*Ibid.*, p. 9.) »

qu'elle y fleurisse en septembre. Mais, outre les hampes florifères stériles, elle émet des hampes gemmipares portant trois bourgeons verticillés, brièvement stipités, et qui se détachent vers la fin de septembre (Voy. *Litteratur-Bericht zur Linnæa* fuer das Jahr 1831, p. 130). Quant à la seconde, M. Muenter écrivait, en 1845 : « Le bourgeon de la Sagittaire se sépare de la plante-mère avec ses deux entrenœuds renflés en tubercules, et c'est donc un bourgeon prolifère, *eine Brutknospe* ou *gemma plantipara* de Schleiden (in *Bot. Zeitung*, 3e année, p. 696). » M. Germain de Saint-Pierre a confirmé ces observations (in l'*Institut* de 1850, p. 214, et *Guide du bot.*, p. 811).

On voit aussi des bourgeons se montrer au centre des feuilles des *Nymphæa cærulea*, *rufescens*, *micrantha*, sur les pétioles des *Villarsia*, se détacher et reproduire la plante. Mappus et M. Godron ont constaté que, dans les prairies tourbeuses des environs de Strasbourg, une singulière monstruosité de *Cardamine pratensis*, à fleurs prolifères et stériles, se propage, depuis nombre d'années, à l'aide de petits bulbilles. Il en est de même, d'après MM. Durieu de Maisonneuve et J. Gay, du *Cardamine latifolia*, dont les bourgeons adventifs finissent par se détacher de la feuille-mère encore vivante pour tomber sur le sol et y prendre racine (Voir *Bullet. de la Soc. bot. de France*, t. VI, p. 705). Au rapport de M. Belhomme, le *Ranunculus lingua* forme, quand ses tiges tombent dans l'eau, des bourgeons axillaires qui, au printemps suivant, se détachent, se fixent en émettant des racines, et donnent naissance à de nouveaux pieds (*Ibid.* t. IX, p. 241).

E. De nombreux faits analogues appartiennent aux plantes terrestres, et plusieurs sont rapportés par M. L.-C. Treviranus dans son important ouvrage de physiologie végétale (*Physiol. der Gewaechse*, t. II, p. 642).

Y a-t-il des plantes terrestres annuelles quant à l'ensemble des organes de végétation, mais douées de la propriété de se propager par des bourgeons mobiles ? Le *Sedum amplexicaule* DC. est dit vivace par De Candolle, par

MM. Grenier et Godron, etc. Cependant, à en juger par l'exiguité de la racine que présentent soit des échantillons desséchés, soit la figure de cette plante donnée par De Candolle (*Mém. sur les Crassul.*, pl. VII, f. 1), je suis porté à penser que toutes les parties épigées et hypogées de cette espèce (ses singuliers bourgeons terminaux exceptés), n'ont qu'une durée d'un an ; et je trouve cette opinion confirmée par ce passage de M. L.-C. Treviranus : « Au temps du solstice on voit mourir non-seulement le corps principal (de cette plante), mais aussi les rameaux latéraux, tantôt plus courts, tantôt plus longs, dont les pointes renflées constituent les nouveaux jets vivants (in *Bot Zeitung* de 1845, p. 266). » Il en est de même de la *Ficaire*, dont toutes les parties se détruisent après la floraison, et qui se multiplie par les tubercules devenus libres.

Les *Saxifraga granulata* L. et *Carpetana* Boiss. sont peut-être dans le même cas ; mais j'ignore si, après la floraison et la destruction de la tige fleurie, les bourgeons subradicaux deviennent libres. M. Boissier a reconnu que son *S. arundana* n'a qu'un seul bourgeon (bulbille) attaché au collet de la plante par une longue fibre. Chaque année se forme-t-il et se détache-t il un de ces bourgeons pour reproduire la plante ? — J'ai cité plus haut le curieux mode de propagation du *Neottia Nidus-avis* par des racines libres et gemmifères.

On sait aussi que certaines espèces de mousses annuelles émettent des *innovations* latérales dont chacune peut, en poussant des radicules à sa base et se détachant de la plante-mère, donner naissance à un nouveau pied.

Il a été bien reconnu que les *Cuscutes*, plantes annuelles pour la plupart, se propagent non seulement par graines, mais par fragments de tiges. Ceux-ci peuvent-ils conserver leur vitalité d'une année à l'autre ?

De Candolle a consigné un autre fait relatif au *Cuscuta monogyna*. C'est la propriété de l'embryon de germer dans la graine enfouie dans le sol ou à l'air libre, et encore portée par la plante-mère. Que conclure, au point de vue de la durée, de cette série *non interrompue* de végétations ?

§ IV. *Des plantes annuelles, bisannuelles et vivaces.*

Encore ici il faut voir combien grandes sont les divergences des auteurs au sujet de la durée de certaines plantes. Linné, décrivant le *Scabiosa maritima*, le fit suivre du signe ⊙, et cet exemple a été imité par Poiret (*Encycl.*), par MM. Grenier et Godron. Au contraire, Gussone, Villars, Saint-Amans, De Candolle (*Flore franç.*, t. v, p. 490), M. Lagrèze-Fossat, disent cette espèce vivace ; et cette même indication est reproduite, mais avec un point de doute dans le *Botanicon gallicum* (p. 255); mais dans le *Prodromus*, le *S. maritima* reçoit les signes ⊙ ♂ ; et, chose étrange, De Candolle rapporte à cette espèce comme deux variétés distinctes les *S. setigera* Lamk. (1) et *grandiflora* Scop., qu'il déclare vivaces. Au contraire, MM. Grenier et Godron ne distinguent pas ces deux variétés du *S. maritima*, inscrit par eux comme annuel. Parmi les auteurs qui séparent le *S. atropurpurea* du *S. maritima*, les uns, tels que Poiret, (*l. c.*) M. Duby (*Bot. gall.*) et De Candolle (*Prodr.*), disent la première de ces espèces annuelle, tandis que *Le Bon jardinier* la donne comme bisannuelle. Le *S. maritima* et sa variété paraissent être, suivant les cas, annuels ou bisannuels. — On n'est pas plus d'accord sur la durée des *Malva nicæensis* L. et *rotundifolia* L. inscrits ⊙ par Koch, par MM. Grenier et Godron, de Pouzolz, Lagrèze-Fossat, inscrits ♃ par M. Lloyd. La première de ces espèces est dite annuelle, et la seconde vivace par De Candolle (*Prodr.*) (2). Au contraire, aux yeux de M. Boreau, le *M. rotundifolia* est annuel, et pour MM. Cosson et Germain, il est bisannuel et vivace. — Le *Plantago Coronopus* L. est donné comme bisannuel dans la *Flore de France;* comme annuel, et à bon droit, par Koch, par MM. Decaisne (in De Candolle, *Prodrom.*), Boreau, Cosson et Germain, Lagrèze-Fossat; enfin, comme vivace, par M. Lloyd. L'*An-*

(1) Lamarck (*Illustr.*) n'assigne pas de durée au *S. setigera*.

(2) Toutefois, De Candolle considère comme une variété *annuelle* de cette espèce le *M. crenata* Kit.

thoxanthum odoratum L. reçoit de Steudel le signe ⊙, de Gussone les signes ⊙ ♂, tandis que Kunth et tous les floristes français inscrivent cette espèce comme vivace. M. Lloyd s'appuie même sur ce caractère pour en séparer l'*A. Puelii* Lecoq. — Linné rapportait à son *Lychnis dioica* deux variétés ; l'une à fleurs purpurines (*L. sylvestris* Hopp., *L. diurna* Sibth.); l'autre, à fleurs blanches (*L. pratensis* Spreng., *L. vespertina* Sibth.). Lamarck a écrit à propos du *L. dioica* L. : « Quelques personnes prétendent que la plante à fleurs rouges doit constituer une espèce distincte de celle qui a les fleurs blanches. Elles se fondent principalement sur ce que la première est annuelle ou bisannuelle, tandis que l'autre est vivace, &c. (*Encycl.*). » Or, parmi les auteurs modernes qui ont distingué ces espèces, les uns, De Candolle (*Flor. fr.*) et M. Duby (*Bot. gall.*), Mutel, MM. Cosson et Germain, Grenier et Godron, Lloyd, &c., les déclarent vivaces; les autres appellent vivace le *L. sylvestris* Hopp., mais appliquent au *L. pratensis* Spr., soit le signe ⊙ (De Candolle, *Prodr.*), soit le signe ♂ (Koch), soit à la fois les signes ♃ ♂ (Boreau, Lagrèze-Fossat, Kirschleger). — Le *Kitaibelia vitifolia* Willd. est dit annuel par Desfontaines (*Cat.*), bisannuel et souvent vivace par *Le Bon Jardinier*, vivace par De Candolle, Steudel, etc.

Linné avait dit annuel son *Sium Falcaria*. Parmi les modernes, les uns (Koch, Grenier et Godron) assignent au *Falcaria Rivini* une durée de deux ans, les autres (De Candolle, *Fl. fr.* et *Prodr.*) appliquent à cette espèce le signe ♃. Cultivée au Jardin botanique de Toulouse, elle y vit de longues années. — Le *Cerinthe minor* L. est annuel et bisannuel pour De Candolle (*Prodr.*), bisannuel pour Koch, vivace pour les auteurs de la *Flore de France*. — Koch inscrit comme bisannuels les quatre *Cochlearia* d'Allemagne (*C. officinalis*, *C. pyrenaica*, *C. danica*, *C. anglica*). De Candolle (*Prodr.*) et MM. Grenier et Godron accordent la même durée aux deux dernières espèces; mais les auteurs de la *Flore de France* rapportent, à titre de variété, le *C. pyrenaica* au *C. officinalis*, qualifié par eux de ♂ ou ♃. Pour M. Lloyd, le *C. da-*

nica est annuel et le *C. anglica* bisannuel. — Les *Pedicularis sylvatica* et *palustris* n'ont pas leur durée mieux déterminée. Le premier reçoit les signes suivants : ⊙ (Kirschleger), ♂ ⊙? (Bunge), ♃ ⊙ (Steudel), ♂ ou ♃ (Grenier et Godron, Chatin), ♂ ou ♃? (Bentham) ; le second, ⊙ ou ♂ (Kirschleger), ♂ ou ♃ (Grenier et Godron), ♃ (Bentham), ⊙ ♃ ♂ (Steudel). — Que penser des espèces françaises du genre *Drosera ?* Linné, Dreves et Hayne, M. Kirschleger ne leur assignent pas de durée. Mutel les dit annuelles ou vivaces. Lamarck, De Candolle, Saint-Amans les déclarent annuelles, tandis que Mérat, Kunth, MM. Cosson et Germain, Grenier et Godron les tiennent pour vivaces ; M. Lloyd leur applique, avec doute, le signe ♃. M. Boreau voit dans le *D. rotundifolia* une plante vivace ou bisannuelle, et dans les *D. intermedia* et *longifolia* de vraies vivaces. Les échantillons d'Herbiers semblent dénoter surtout le *D. intermedia* comme espèce vivace. M. J.-E. Planchon accorde au *D. rotundifolia* un rhizome à racines fibreuses et une végétation analogue à celle des herbes vivaces dites à racine mordue (in *Annal. Sci. nat.* 3ᵉ série, t. IX, p. 96).

Les *Pinguicula* ne sont pas traités avec plus d'uniformité. Les *P. vulgaris*, *lusitanica*, *grandiflora* sont dits annuels, le premier par Mérat, le deuxième par De Candolle père et par Mutel ; les deux derniers par Saint-Amans. Le *P. alpina* est donné comme bisannuel par Koch. Cependant la plupart des phytographes (Lamarck, Alph. De Candolle, Grenier et Godron) font suivre les espèces françaises de ce genre du signe ♃. M. Kirschleger n'assigne qu'avec doute cette durée au *P. vulgaris*. Il déclare que le *Lactuca muralis* (sub *Chondrilla*) est vivace et non annuel, comme l'indiquent MM. Grenier et Godron (auxquels il aurait pu ajouter Koch et De Candolle). J'ignore si cette espèce est vivace à Strasbourg, mais, à Toulouse, elle m'a toujours paru bisannuelle, et elle est donnée comme telle par M. Lloyd. — Dreves commence ainsi la description du *Verbena officinalis* L. : « De sa racine bisannuelle ou annuelle selon plusieurs (*Bot. Bilderb.*, liv. 2, p. 34) ; » Saint-Amans, M. Duby,

Koch, Mutel inscrivent cette espèce comme annuelle : mais c'est à bon droit que Gussone, Schauer, MM. Grenier et Godron, Kirschleger la disent vivace. MM Cosson et Germain lui appliquent les signes ⊙ ou ♃. — Le *Cerastium viscosum* L. (*C. triviale* Link), est dit annuel et bisannuel par Koch, par MM. Cosson et Germain ; ordinairement bisannuel par M. Kirschleger, vivace par MM. Grenier et Godron, Steudel ; c'est une plante pérennante.

Dans le genre *Carlina*, les trois espèces suivantes, *C. vulgaris* L., *C. corymbosa* L., *C. acanthifolia* L., sont données comme bisannuelles par Koch, comme annuelles par MM. Grenier et Godron. Dans sa *Flore française* (t. IV, pp. 123 et 124), De Candolle applique à la dernière le signe ♂, et aux deux autres le signe ⊙. Mais dans le *Prodromus* du même auteur (t. VI, pp. 545 à 547), le *C. acanthifolia* est appelé vivace, le *C. vulgaris* bisannuel, et le *C. corymbosa* annuel. M. Lagrèze-Fossat inscrit ces deux derniers comme bisannuels ; MM. Boreau, Kirschleger et Lloyd disent aussi le *C. vulgaris* bisannuel. Il y a là, comme on voit, la plus grande discordance. Or, le *C. acanthifolia* est assurément vivace, car un pied adulte, transplanté par moi de la Montagne Noire au Jardin des plantes de Toulouse, après avoir fleuri trois années de suite dans cet établissement, émet encore de nouveaux bourgeons ; et d'ailleurs, la longue et forte racine de la plante témoigne suffisamment de sa longue durée. Quant au *C. corymbosa*, il se présente sous deux apparences distinctes, tantôt unicaule, et probablement alors il est bisannuel, peut-être même annuel ; tantôt, et plus souvent, multicaule, à tiges serrées, à fortes racines, et alors il est vivace ; car je m'assurais, au mois d'octobre dernier, qu'après la floraison et le dessèchement de ses rameaux, il naît de leur base de nombreux bourgeons destinés à les remplacer l'année suivante. Ne deviendrait-il vivace que lorsqu'une cause quelconque a mis obstacle à la floraison ou au développement complet de l'axe primaire ?

L'*Illecebrum verticillatum* L. inscrit comme plante vivace par Lapeyrouse, De Candolle, Steudel, Mutel, par MM. Boreau, et Kirschleger, comme annuel et bisannuel par MM. Grenier et Godron et de Pouzolz, comme annuel par MM Lagrèze-Fossat et Lloyd, paraît n'avoir souvent qu'une courte durée, si l'on en juge par ses racines très-grêles et filiformes; mais parfois aussi la plante montre de longs rameaux pourvus de racines adventives, et elle peut bien être alors accidentellement pérennante ou vivace. Koch ne lui assigne pas de durée.

L'*Heliotropium curassavicum* L. a été donné comme annuel par Lamarck, Dumont de Courset, Steudel; comme bisannuel par Desfontaines; comme ♃ ⊙? par De Candolle. Il est annuel, cultivé en pleine terre au Jardin des plantes de Toulouse, faute peut-être d'y pouvoir résister aux rigueurs de l'hiver.

Les espèces du genre *Allium* sont généralement comprises, comme les plantes bulbeuses, dans le groupe des vivaces. Cependant, M Charles Des Moulins a fait observer que l'*A. Porrum* L. n'ayant jamais de bulbilles, est annuel, et plus rarement bisannuel, par suite de la formation d'un ou de deux cayeux; que l'*A. sphærocephalon* L. est vivace par ses cayeux, et que l'*A. Ampeloprasum* L. l'est, grâce à ses deux cayeux (dont l'un fleurit la deuxième et l'autre la troisième année), et à ses bulbilles fleurissant la quatrième année (*Catal. raisonné, suppl. final*, p. 287).

Le *Lobelia urens* L. est annuel pour la plupart des phytographes (Linné, Steudel, les deux De Candolle, Duby, Chaubard, Mutel, Boreau, Lloyd), bisannuel pour Weinmann (in *Linnæa*, t. XIII, p. 394), vivace pour MM. Grenier et Godron, de Pouzols, Besnou et Lachenée (*Plantes de Cherbourg*). Cette espèce, par ses racines fasciculées et grêles, paraît, au premier abord, être annuelle; mais ces racines ne seraient-elles pas adventives, et les tiges florales ne se rattacheraient-elles pas à un rhizome grêle?

§. V. *Distinction des plantes bisannuelles et vivaces.*

Encore ici on peut signaler quelque désaccord chez les auteurs, et il faut convenir que parfois cette distinction est loin d'être absolue. De Candolle a dit, à bon droit, bisannuel le *Picris hieracioides* (in *Prodr.*, t. VII, p. 128), auquel Lamarck (*Dict.*, t. V, p. 309) avait donné le signe ♃. Par contre, l'auteur du *Prodromus* me paraît errer lorsqu'il dit bisannuel le *Cirsium arvense* Scop., regardé comme vivace par Koch, par MM. Grenier et Godron, Kirschleger, &c. — M. Pierlot assurait récemment que la Valériane officinale, appelée vivace par tous les botanistes, est seulement bisannuelle. — « On considère, dit M. Lecoq, certains *Verbascum* comme bisannuels, et pourtant, avant de périr, il se forme autour de la racine des bourgeons qui en font une plante vivace (1). » Il en est de même, selon notre savant confrère, du *Digitalis purpurea* (*Géogr. bot. de l'Eur.*, t. II, p. 435). — Une semblable interprétation convient peut être au *Digitalis lutea*, signalé comme bisannuel par MM. Grenier et Godron, comme vivace par M. Bentham.

Le *Viola rothomagensis* Desf. est ou vivace, ou tout au moins pérennant sur la côte Saint-Adrien, aux environs de Rouen, tandis qu'il s'est montré bisannuel aux Jardins botaniques de cette ville et de Toulouse. — Le *Stachys germanica* L. est dit bisannuel par MM. Grenier et Godron (*Fl. de France*), et par M. Bentham (in De Candolle, *Prodr.*, t. XII, p. 464); mais tandis que le phytographe anglais ajoute à la diagnose de la plante : « *Nec limites certe inter illam* (*speciem*) et *S. lanatam*, *S. italicam* et *S. alpinam video*, » il applique le signe ♃ aux deux dernières espèces citées. Le *S. germanica* m'a paru bisannuel dans les champs de la Montagne Noire, près Sorèze, tandis qu'il est vivace aux Jardins botaniques de Toulouse et de Rouen. — Le Fenouil (*Fœniculum vulgare* Gærtn.) est donné comme bisannuel par De Candolle (*Prodr.*), par MM. Lagrèze-Fossat, Lloyd ; comme bisannuel et vivace, par MM. Grenier et Godron, Cosson et Germain ; je l'ai toujours vu vivace dans les jardins. — L'*Alliaria officinalis* Andr.,

(1) Dans ce cas sont surtout les hybrides stériles

4

vivace pour M. Lloyd, est bisannuel pour la plupart des auteurs, Dreves, Desfontaines, MM. Cosson et Germain, Lagrèze-Fossat. — Les *Heracleum* de France reçoivent tous de MM. Grenier et Godron, à l'exception de l'*H. minimum* Lamk., le signe ♂; De Candolle (*Prodr.*) désigne comme vivaces les *H. alpinum* L., *pyrenaicum* Lamk., *flavescens* Baumg.

L'*Anchusa italica* Retz. est dit bisannuel par De Candolle (*Flor. fr.*), Ker, Koch et par MM. Grenier et Godron, tandis qu'avec MM. Bertolini et Gussone je le crois vivace ; du moins il se montre tel au Jardin botanique de Toulouse. — L'*Anthyllis Vulneraria* L. m'a toujours paru vivace, et est donné comme tel par Koch, De Candolle, tandis que MM. Grenier et Godron lui appliquent le signes ♃ ou ♂.

A propos du *Salvia clandestina* L. (*S. horminoides* Pourr.), Villars écrit : « Celle-ci est bisannuelle, » et Pourret donne aussi cette espèce comme telle. Au contraire, Saint-Amans la dit expressément vivace et non bisannuelle. Aujourd'hui elle figure à titre de vivace dans les ouvrages de Koch, de Gussone, de MM. Grenier et Godron, Lagrèze-Fossat, tandis que M. Bentham lui applique les signes ♃ ♂ ? Elle a une longue durée au Jardin des plantes de Toulouse.

Linné avait inscrit comme vivace son *Cotyledon Umbilicus*. Miller (*Dict.*) le donne comme bisannuel. Lamarck élève au rang d'espèce la variété de *C. Umbilicus* admise par Linné, et tient celle-ci (*C. lusitanica*) pour vivace, tandis qu'à ses yeux le *C. Umbilicus* est bisannuel. La plupart des auteurs modernes admettent, avec De Candolle, la dernière plante citée (*Umbilicus pendulinus* DC.) comme vivace ; et c'est à bon droit, car j'ai pu suivre chez elle les mêmes phases de développement que M. Irmisch a décrites et figurées récemment dans l'*Umbilicus horizontalis* (in *Botanische Zeitung*, 18ᵉ année, 1860, pp. 89 et 90, tab. 3, f. 10 à 19).

MM. Seringe et Guillard ont écrit : « Beaucoup de plantes regardées comme vivaces sont réellement bisannuelles. Presque toutes les Orchidées d'Europe, la plupart des *Aconitum*, *Saxifraga granulata*, &c. (*Formules bot.*, p. 38). » Poiteau a dit aussi que l'Oignon (*Allium Cepa* L. est bisannuel et non vivace; semé dans l'année il produit plateau, racines, deux ou trois feuilles, deux ou trois cayeux; au printemps suivant, le cayeu ou les cayeux s'élèvent, fleurissent et meurent ainsi que le plateau primitif, mais ce dernier émet avant sa mort quelques cayeux (Voy. *Le Cultivateur*). Sans doute, dans ces plantes chaque individu vit deux ans; mais les diverses générations émanent l'une de l'autre *par continuité*, et c'est surtout à ce caractère de perpétuité que s'applique le mot *vivace*. Ce sont des *vivaces à deux degrés de végétation;* on pourrait presque les appeler des *vivaces bisannuelles*.

§ VI. *Distinction des plantes vivaces et ligneuses.*

De Candolle faisait remarquer, en 1828, que la distinction entre les Crassulacées vivaces et ligneuses ou entre celles qui méritent les signes ♃ ♄ est très-difficile à établir, car beaucoup de *Sedum*, marqués du signe ♃, n'en conservent pas moins, plus ou moins de temps, les tiges qui n'ont pas fleuri (*Collect. de Mém.*, 2e Mém., p. 2). L'arbitraire qui préside à l'emploi des signes affectés à la durée de ces plantes, témoigne surabondamment de la difficulté qu'ont éprouvée les phytographes. On se demande pourquoi le *Sedum reflexum* L. reçoit de De Candolle (*Prodr.*) et de MM. Grenier et Godron le signe ♄, tandis que le *S. altissimum* L. est marqué par le premier botaniste des signes ♃ ♄, et, par les seconds, du signe ♃? Le *S. Anacampseros* L. ne garde-t il pas ses rameaux feuillés tout l'hiver, et cependant les auteurs de la *Flore de France* le signalent ♃? Ils en font autant pour l'*Opuntia vulgaris*, que De Candolle (*Prodr.*) désigne ♄, et qui conserve, sans altération, d'une année à l'autre, ses parties aériennes de végétation. — Les Saxifragées donnent lieu à de semblables observations. L'auteur du *Prodromus* dit vivaces les *Saxifraga crassifolia* L., *ligulata* L., *cordifolia* Haw., et néanmoins ces espèces, et surtout la seconde, ont des tiges aériennes ligneuses, persistantes et ramifiées : le signe

♄ ne leur conviendrait-il pas mieux qu'au *Sedum reflexum ?* L'*Alchemilla pentaphyllea*, le *Genista sagittalis*, et le *Phytolacca decandra* sont, pour MM. Grenier et Godron ♄ ; mais, pour De Candolle (*Prodr.*), la première de ces plantes est ♃, la seconde ♃ ♄, et M. Moquin-Tandon applique à la troisième le signe ♃ (*Ibid.*). — Koch fait suivre les *Ruta* d'Allemagne du signe ♃. De Candolle dit les *R. angustifolia* et *graveolens* ♃ ♄, tandis que cette dernière espèce figure comme ♂ dans la *Flore de France*. Le *Ruta bracteosa* porte dans le *Prodromus* de De Candolle le signe ♄, et dans l'ouvrage de MM. Grenier et Godron cet autre ♃. — Dans ce dernier Recueil le *Coris monspeliensis* est suivi du signe ♂ (qu'il reçoit aussi dans la *Flore du Gard*), et dans le premier, du signe ♃ ; et M. Duby ajoute avec raison, à propos de cette espèce : *Herba basi suffruticulosa ;* Mutel lui applique le signe ♄ ; Steudel, les signes ♃ ♄ ; de Pouzols le signe ♂. Linné et Desfontaines l'avaient donné comme annuel ; Gussone le tient pour annuel et vivace. — Le *Lippia nodiflora* Rich. (*L. repens* Spr.) reçoit de Steudel le signe ♄, de Gussone ♃ ; Schauer (in De Candolle, *Prodr.*), dit à tort cette espèce annuelle.

Le Bon Jardinier inscrit vivaces les *Mesembryanthemum violaceum*, *acinaciforme*, *dolabriforme*, *deltoides*, *micans*, *noctiflorum*, pourvus de tiges rameuses, indurées au moins dans une partie de leur longueur, persistantes et conservant leurs feuilles, tandis que De Candolle et Steudel inscrivent avec plus de raison ces espèces avec le signe ♄.

Où sera donc la distinction des tiges vivaces et sous-frutescentes ? A quels principes se rattacher au milieu de cette divergence d'opinions ?

De Candolle, après avoir proposé l'ingénieuse division des végétaux en *Monocarpiens* et *Polycarpiens*, subdivisait ceux-ci en *Rhizocarpiens* dont le bas de la tige seul est vivace, et en *Caulocarpiens*, ou *dont la tige persiste et porte fruit plusieurs fois, par exemple le Poirier* (*Théor. élém.*, 1re édit., p. 422). Plus tard dans le *Systema regni vegetabilis*, (t. 1,

p. 12), il ajoute à cette dernière définition ce complément : *Sed cujus magnitudo est ignota aut incerta*, et il applique aux Caulocarpiens le signe ♄. M. Alph. De Candolle, à son tour, appelle *Caulocarpe* la plante dont toute la tige est vivace, ajoutant immédiatement ces mots : *Vivace s'indique par le signe* ♃ (*Introd. à la bot.*, t. II, p. 37).

Puisque la consistance ligneuse des tiges ne fait pas partie des caractères assignés aux plantes *Caulocarpes*, il me paraît qu'on peut les comprendre dans deux catégories : les unes ligneuses ou fruticuleuses, les autres herbacées. Les *Cyperus alternifolius*, *flabelliformis*, *textilis*, *Papyrus*, etc., conservent plusieurs années de suite leurs tiges aériennes; et cependant les auteurs leur appliquent le signe ♃ (1). — Dans le genre *Rubia*, de deux espèces voisines, l'une, le *R. peregrina* L., reste verte toute l'année; l'autre, le *R. tinctorum* L., perd ses parties aériennes à la saison froide. — M. Jordan énonce que dans son *Oxalis europæa* chaque tige aérienne meurt au bout de l'année, tandis que ces sortes de rameaux vivent souvent plus d'un an dans l'*O. corniculata* (in Billot, *Annot.*, p. 16). Il y a donc deux sortes de plantes vivaces, les *Hypogées*, perdant en hiver leurs productions qui surmontaient le sol, les *Epigées* conservant celles-ci ; les premières sont des *Hypo-vivaces* ou Hypo-♃ ; les secondes des *Epi-vivaces*, ou Epi-♃ (*sit venia verbis hybridis*) (2). Link avait cherché à formuler cette distinction en ces termes : « *Plantas pervigentes voco quæ caules proferunt cum foliis per hyemem persistentibus, uti Saxifraga, Sedum et aliæ. At fruticosæ non sunt, nam caules non*

(1) C'est ce que fait en particulier Sweet qui, cependant, se trouve alors en contradiction avec lui-même lorsqu'il définit la plante vivace ♃ ; *herbaceous, perennial, dying down in Winter, and shooting up afresh the following spring.* (*Hort. Brit.*, 3e édit., p. XX.)

(2) Quelle que soit la juste réprobation qui a frappé les mots hybrides, leur emploi dans le cas actuel me paraît préférable à la création de mots composés entièrement tirés du grec. Les termes *survivaces* et *sousvivaces*, qui tout d'abord semblent meilleurs, peuvent cependant donner lieu à quelque amphibologie, rapprochés du signe sub-♃ (*subvivace*) par lequel j'ai proposé plus haut de désigner les plantes pérennantes.

per plures annos persistunt (*Elem. philos. bot.*, éd. 2, pp. 348 et 350) (1). » C'est au groupe des épi-vaces qu'appartiennent les *Sedum reflexum*, *altissimum*, *Anacampseros*, &c. Et quant à ces espèces qui, comme le *Saxifraga ligulata*, les *Ruta graveolens* et *divaricata*, et les *Mesembryanthemum* cités plus haut, tiennent le milieu entre les vivaces et les sous-frutescentes, on peut leur appliquer le signe sub-♄.

Objectera t-on que telle espèce peut se montrer épi-vivace dans une contrée, hypo-vivace dans un pays plus froid? Si ce fait est vrai appliqué à quelques espèces, celles-ci font, sans nul doute, une exception qui ne détruit point la règle.

§ VII. *Durée des hybrides.*

On s'accorde assez généralement à reconnaître que les hybrides sont plus robustes que leurs parents. Dès lors, on aurait pu croire, *à priori*, que les premiers ont une plus longue durée. Toutefois, je ne sache pas qu'on ait signalé comme bisannuel ou vivace un hybride provenant de deux espèces annuelles. C'est ainsi que l'on donne comme annuels tous les hybrides de *Polygonum* annuels, appartenant à la section *Persicaria*, de même que les hybrides d'*Ægilops* et de *Triticum vulgare*, obtenus jusqu'ici. — Les nombreux hybrides de *Verbascum*, inscrits dans la *Flore de France*, y figurent, comme leurs parents, avec le signe ♂. — Dans le genre *Centaurea*, les deux hybrides inverses du *C. aspera* (plante vivace), et du *C. solstitialis* (plante annuelle), y sont donnés comme bisannuels, et par conséquent comme exactement intermédiaires entre leurs parents. Le seul *C. nigro-solstitialis* Gr. God., en tant qu'émané d'une espèce vivace et d'une annuelle, justifierait le principe, car il est dit vivace. — Je tiens de M. Timbal-Lagrave

(1) Jungius a écrit dans son *Isagoge Phytoscopica*, pag. 18 : *Restibilis* planta est cujus radix perennis est..... *perennis* planta est cujus caulis sive stipes perennis est; et cet auteur donne le nom de *sempervirens* aussi bien à la plante herbacée (*Barbarea*, *Pervinca*), qu'à l'arbuste (*Buxus*), et à l'arbre (*Abies*).

que les graines du *Centaurea myacantha* DC. (considéré par lui comme hybride des *Centaurea Calcitrapa* L. et *serotina* Bor.), donnent, dès la première année du semis, pour moitié environ des *C. Calcitrapa*, fleurissant cette année même (tandis qu'à l'état normal, cette dernière espèce est bisannuelle), et, pour l'autre moitié, un mélange de pieds appartenant, les uns au *C. Calcitrapa*, les autres au *C. serotina*, mais ne fleurissant tous que la seconde année. — On sait que le genre *Cirsium* est fécond en hybrides, dont plusieurs ont pour parent le *C. palustre* Scop. Or, cette espèce est inscrite comme vivace par De Candolle (*Prod.*) et Steudel, comme bisannuelle, et très-probablement à bon droit, par Koch ; MM. Grenier et Godron, Kirschleger, etc., admettent cette dernière opinion, et nous verrons figurer, comme vivaces, dans les auteurs, la plupart des hybrides du *C. palustre* et d'une autre espèce vivace, tels : *C. palustri-Erisithales* Næg., *C. palustri-oleraceum* Næg., *C. palustri-bulbosum* DC., *C. palustri-rivulare* Koch. Quant au *C. palustri-monspessulanum* Gr. God., il est bisannuel ou vivace aux yeux de ses auteurs, et, pour les mêmes, le *C. anglico-palustre* Gr. God. est bisannuel ; il en est ainsi d'après M. Nægeli (in Koch, *Synop.*) de son *C. lanceolato-palustre*. C'est avec doute que cet auteur assigne la même durée à ses *C. rivulari-palustre* et *arvensi-palustre*. — M. Kirschleger laisse indéterminée la durée des hybrides de *Cirsium*. — Du reste, l'opinion si longtemps admise de la stérilité de la plupart des hybrides semblait admirablement confirmer celle d'une plus longue durée dans ces plantes. Mais les belles expériences de M. Naudin, en nous dévoilant la fertilité d'un très-grand nombre d'hybrides, ont réduit à néant cette théorie.

§ VIII. *Durée des plantes parasites.*

Y a-t-il quelque règle générale concernant les plantes parasites ? Je n'en connais pas ; mais il m'a paru bon de soulever ici cette question, qui trouvera peut-être un jour sa solution.

On remarquera que M. Kirschleger n'assigne de durée ni aux *Thesium* ni aux *Orobanches*; que dans ce dernier genre, les auteurs (Koch, MM. Grenier et Godron, et M. Reuter in De Candolle *Prodr.*) ne signalent que des plantes annuelles ou vivaces, sans bisannuelles, et cette conclusion peut s'appliquer à toute la famille des Orobanchées; qu'on ne s'est pas suffisamment attaché à distinguer les *Monobases* (telle l'Orobanche du genêt) des *Polyrhizes* (1). C'est ainsi que l'*Orobanche pruinosa* Lap. (*O. speciosa* DC.), dit vivace par Lapeyrouse et par MM. Grenier et Godron, annuel par Koch et par M. Reuter, serait nécessairement annuel s'il était monobase, car il est ordinairement parasite sur des plantes annuelles (fève, lupin, vesce cultivée, souci des champs, etc.). Les auteurs de la *Flore de France* inscrivent comme vivace l'*O. hyalina* Sprunn., parasite d'après eux sur les racines d'une plante annuelle, le *Chrysanthemum Myconis*. M. Reuter fait suivre la description de cette Orobanche des signes ☉? MM. Grenier et Godron donnent, d'après Requien, comme parasite sur la même Composée, l'*O. amethystea* Thuill., qu'ils signalent aussi sur les *Eryngium*, et comme vivace. Si cette espèce était monobase, il faudrait, pour justifier cette différence de parasitisme, que l'*O. amethystea* fût, selon les cas, annuelle ou vivace. Les mêmes auteurs, et M. Reuter rapportent à l'*O. minor*, à titre de variété, l'*O. Carotæ* Desm., qui, pour Mutel, se rapproche plus de l'*O. Hederæ*. Mais remarquez que l'*O. minor* (sur la durée annuelle de laquelle M. Reuter émet des doutes) croît sur des plantes vivaces, principalement sur les *Trifolium pratense* et *repens*, et que ce sont des plantes annuelles (*Orlaya maritima*) ou bisannuelles (Carotte et Panais sauvages) qui servent de support à l'*O. Carotæ*. Il reste encore là un bien vaste champ d'exploration.

D'après M. Weddell, qui a étudié avec tant de soin le développement du *Cynomorium coccineum* L., cette plante est à peu près indifférente sur le choix des sucs nutritifs, « d'où

---

(1) Voyez De Candolle, *Physiol. végét.*, tom. III, pag. 416.

il résulte, dit ce botaniste, que la durée du parasite est réglée implicitement sur celle des végétaux avec lesquels il a pu établir ses connexions; il est, selon les circonstances, annuel ou vivace (in *Nouv. Archives du Muséum*, tom. x, p. 276). »

CHAPITRE II.

DU CARACTÈRE DE LA DURÉE AU POINT DE VUE DE LA CLASSIFICATION.

On sait que, depuis Césalpin, la plupart des taxonomistes (Morison, Hermann, Knaut, Boerhaave, Rai, Magnol, sans en excepter notre célèbre Tournefort), attachant une importance exagérée à la durée, ou plutôt à la consistance des plantes, furent conduits par ce vice même à des classifications péchant toutes par la base (1). Après eux, Linné tomba dans l'excès contraire, s'efforçant de montrer que pour un certain nombre de végétaux la durée varie avec la nature du climat, et le prince des botanistes conclut par cet aphorisme évidemment erroné, pris dans un sens trop général : *A duratione itaque, nisi manifestissima sit, nulla differentia petenda* (*Phil. bot.*, ed. 4, n° 276). C'est pour n'avoir pas suffisamment tenu compte de la durée ou de la consistance, qu'il n'a pas séparé en genres les Valérianelles des Valérianes; et cependant combien les propriétés des vraies Valérianes sont autres que celles des espèces annuelles, jadis unies génériquement à elles !

§ I. *Des dénominations empruntées de la durée des plantes.*

Mais Linné lui-même n'a-t-il pas enfreint son précepte,

---

(1) Adanson divise son quatrième système en dix classes, suivant que les plantes qu'elles renferment vivent de 1 à 15 jours, de 1 à 3 mois, de 3 à 6 mois, de 1 à 3 ans, de 4 à 8 ans, de 10 à 25 ans, de 30 à 100 ans, de 120 à 400 ans, de 500 à 1000 ans, de 2000 à 4000 ans et au delà (*Familles des Plantes*, t. I, p. ccxxij et suiv.) Les détails qui précèdent prouvent que ces divisions sont arbitraires.

lorsqu'il emprunte au caractère de la durée plusieurs de ses dénominations spécifiques, dénominations essentiellement défectueuses, car : 1° la plante annuelle peut se montrer accidentellement bisannuelle ou vivace et *vice versa ;* et 2° si l'espèce dénommée d'après la durée se distinguait jadis par là de ses congénères, il arrive fréquemment que le genre s'enrichit ultérieurement d'autres espèces semblables sous ce rapport. C'est le cas pour les espèces suivantes : *Cheiranthus annuus* L., *Lathyrus annuus* L., *Sedum annuum* L., *Stachys annua* L., *Poa annua* L., *Helianthus annuus* L., *Xeranthemum annuum* L., *Capsicum annuum* L., *Scleranthus annuus* L. et *S. perennis* L., *Bellis annua* L. et *B. perennis* L., *Mercurialis annua* L. et *M. perennis* L., *Lolium annuum* Lamk., *Œnothera biennis* L., *Crepis biennis* L., *Myagrum perenne* L. (aujourd'hui *Rapistrum perenne* All.), *Jasione perennis* L., *Gomphrena perennis* L. *Lactuca perennis* L., etc. — Le *Leontodon annuus* DC. n'est pas assez connu pour qu'on puisse le considérer avec certitude comme la seule espèce annuelle du genre.

L'*Anthericum annuum* L., se distinguait par sa durée de toutes les autres espèces du genre qui n'en renferme encore aujourd'hui que de vivaces ; mais depuis que cette espèce est passée dans le genre *Bulbine*, elle a perdu ce privilége, car le *B. asphodeloides* Spr., porte dans Steudel les signes ⊙ ♂.

On sait quel a été le sort du *Seseli annuum* L., obligé de se transformer en *S. bienne* Crantz, et du *Lunaria annua* L., devenu *L. biennis* Mœnch. — Les *Scleranthus* ont épuisé presque tous les degrés de la nomenclature relative à la durée. Ce n'était point assez, paraît-il, d'avoir un *S. annuus* et un *S. perennis*. En 1829, Lasch décrivait une nouvelle espèce sous le nom de *S. annuo-perennis* (in *Linnæa*, t. IV, p. 411), et plus récemment, M. Reuter encore une autre sous la dénomination de *S. biennis* (in *Compt. rendu. Soc. Hallérienne* pour 1853-4, pag. 20).

Mais il faut surtout se garder de vouloir substituer à un nom qualificatif admis, une dénomination tirée de la durée ; c'est ainsi que Lapeyrouse proposait d'appeler, en 1795, *Saxifraga annua* le *S. Tridactylites* L., « car, disait-il de cette espèce : *elle a un caractère unique*..... elle est la seule qui soit annuelle (*Fig. Flore des Pyrén.*, p. 59); » mais quelques années après, dans son *Abrégé*, p. 233, il était obligé d'abandonner cette dénomination, car il y inscrivait, en outre, comme annuel le *S. rupestris* Willd., et, depuis lors, on a décrit quelques autres espèces de Saxifrages annuelles. — En 1802, De Candolle crée le genre *Lessertia* pour les *Colutea herbacea* L. et *perennans* Jacq., devenus *Lessertia annua* DC., *L. perennans* DC. Mais bientôt après, De Candolle fait connaître une nouvelle espèce (*L. macrostachya*), qui reçoit de lui les signes ♃ ♄; et le *Galega diffusa* Jacq., espèce annuelle, entre aussi dans le genre *Lessertia*. — Alors même que les genres *Stellera* et *Passerina*, tels qu'ils sont constitués aujourd'hui, sont dépourvus de plantes annuelles, on ne doit pas imiter l'exemple de Salisbury ni de Wikstroem, transformant le *Stellera Passerina* L., le premier en *S. annua*, le second en *Passerina annua*.

Linné avait créé un *Martynia perennis* et un *M. annua*; mais l'un a dû rentrer dans le genre *Gloxinia* qui ne renferme que des espèces au moins vivaces, et l'autre ne pouvait être maintenu en présence des autres espèces de *Martynia* découvertes depuis et toutes annuelles.

A côté du *Buffonia perennis* Pourr., vient se placer le *B. multiceps* Dne également vivace, et c'est à bon droit que M. J. Gay, après une étude sérieuse des espèces françaises du genre, a substitué au *B. annua* DC. (qui a peut-être plus d'une congénère annuelle, et qui aux yeux de quelques botanistes ne s'appliquait qu'à une partie des plantes qu'il doit comprendre) son *B. macrosperma*.

Lorsque Cassini rapporta l'*Aster annuus* L. à son genre *Stenactis*, il fut bien inspiré de changer aussi le nom spécifique de cette espèce appelée par lui *S. dubia*, mais que G. Nees d'Esenbeck, et après lui De Candolle, dénomment *S. annua*. Or, outre que le genre *Stenactis* renferme quelques autres espèces annuelles, le *S. annua* est, suivant quelques auteurs, annuel et bisannuel; Koch qui le dit vivace, l'appelle, d'après M. Al. Braun, *S. bellidiflora* (*l. c.* p. 357), et MM. Grenier et Godron inscrivent le *S. annua* comme bisannuel.

On peut donc dire avec Murray, parlant des dénominations tirées de la durée : *Aptiora nomina fuissent excogitanda* (*Vindic. nom. triv.* pl. XXIV).

Mais lorsqu'une espèce dont le nom spécifique est pris de la durée, se trouve dans un genre dont plusieurs autres espèces ont la même durée, faut-il le changer ou lui préférer un nom ultérieurement donné à l'espèce, comme l'a fait, si je ne me trompe, M. Alph. De Candolle à propos de l'*Anchusa annua* Pall., inscrit dans le *Prodromus* sous le nom d'*A. stylosa* Bieb. ? Je ne le crois pas. L'intérêt de la nomenclature veut que cette mesure soit réservée au seul cas où la dénomination consacre une erreur.

§ II. *Du caractère de la durée dans ses rapports avec les divisions ordinales, sous-ordinales et génériques du règne végétal.*

Quelle part faut-il faire au caractère de la durée dans l'établissement des divers degrés de la classification? Aucune en ce qui concerne, soit les embranchements, soit les grandes classes. Il en est parfois autrement des alliances ou groupes de familles (*Classes* de M. Ad. Brongniart), et surtout des familles dont plusieurs se composent entièrement de plantes vivaces, soit ligneuses (Amentacées, Amygdalées, Pomacées, Rhamnées, Térébinthacées, Bixinées, Flacourtianées, Eléagnées, &c.), soit herbacées (Xyridées, Taccacées, Ophiopogonées, Aspidistrées, tout le groupe des Dioscorinées et celui des Asparaginées comprenant les Smilacinées). Je ne connais pas de grande famille uniquement formée d'espèces, soit annuelles, soit bisannuelles. L'uniformité de durée appartient quelquefois à une division de famille ou tribu. On sait que presque toutes les Fougères non arborescentes sont pourvues d'un rhizome et vivaces; or, dans son 5ᵉ *Mémoire sur les Fou-*

gères, (p. 30), M. Fée énonce que « les Cératoptéridées ou Parkériées doivent être distinguées des Polypodiacées, car ce sont des plantes annuelles, aquatiques, à frondes succulentes et translucides. » Toutes les *Caucalineæ* de De Candolle (*Prodr.*, tom. IV, pp. 216-220), comprenant les genres *Caucalis*, *Turgenia*, *Torilis*, paraissent être annuelles.

On pourrait signaler quelques autres genres *Ægilops*, *Bowlesia*, *Scandix*, *Erophila*, *Melampyrum*, *Portulaca*, *Blitum*, *Specularia*, *Scorpiurus*, *Odontites*, *Rhinanthus*, &c., ne possédant que des espèces annuelles, de même que les *Carex*, les *Armeria*, les *Caltha*, les *Anemone*, les *Thalictrum*, &c., n'en ont que de vivaces. Les *Solidago*, les *Primula* sont dans ce dernier cas, si on veut ne pas tenir compte de quelques espèces sous-frutescentes; il en serait de même du grand genre *Aster*, si on ne donnait comme annuel l'*A. microphyllus* Torr.

Tous les *Cirsium* que je connais sont bisannuels ou vivaces, et le caractère de la durée est venu justifier ou confirmer la séparation en genres distincts du *C. syriacum* Gærtn. (devenu *Notobasis syriaca* Cass.), du *C. Acarna* Mœnch (devenu *Picnomon Acarna* Cass.), espèces annuelles.

Tous les *Trinia* du *Prodromus* sont dits bisannuels, sauf une variété du *T. vulgaris*. Toutefois, les genres où cette uniformité fait défaut, sont infiniment plus nombreux que les autres.

Dans le genre *Trigonella*, riche d'une quarantaine d'espèces, on ne cite guère comme vivaces que les *T. hybrida* et *ruthenica*, toutes les autres étant annuelles (à l'exception du *T. platycarpos* L., dit bisannuel). Or, la première a été rapportée par quelques auteurs, et en particulier par M. Noulet, à un autre genre, et quant à la seconde, Linné, le créateur de l'espèce, ne lui assigne pas de durée. Gmelin dit bien en la décrivant; *Radix perennis* (*Fl. sib.*, t. IV, p. 24); mais la figure qu'il en donne (tab. VIII), représente une seule tige continue à une racine pivotante presque indivise, caractères peu en rapport avec ceux des plantes vivaces.

Le caractère de la durée a souvent été employé pour subdiviser les genres, soit d'une manière à peu près arbitraire et commode pour l'étude (comme c'est le cas pour les *Lamium, Buplevrum*, *Anthriscus*, *Picris*, *Cephalaria*, *Veronica*, *Myosotis*, *Gentiana*, *Ipomœa*, *Convolvulus*, *Cerastium*, *Euphorbia*, etc.), soit en le combinant avec d'autres, ce qui lui donne de la valeur. Ainsi, dans le genre *Œnanthe*, les espèces vivaces sont dites *radicibus tuberoso-fasciculatis*, les annuelles et bisannuelles *radicibus fibrosis;* dans les genres *Pimpinella, Helosciadium, Chærophyllum*, &c., les espèces annuelles diffèrent des autres par quelque autre signe commun. — De Candolle a pu subdiviser le genre *Ornithopus*, en s'appuyant à la fois sur la forme du légume et sur la durée (*Prodr.*). — Les caractères des sections établies par le même savant dans le genre *Delphinium*, coïncident avec ceux d'une durée annuelle, bisannuelle ou vivace (*Ibid.*). — L'auteur du *Prodromus* a divisé le genre *Draba* en cinq sections, dont trois (*Airopsis*, *Chrysodraba, Leucodraba*) composées de plantes vivaces, deux (*Holargis* et *Drabella*), d'espèces annuelles ou bisannuelles. Mais Lindblom a fait remarquer que quelques espèces de la section *Holargis* (*Draba incana* L., *D. aurea* Vahl.) sont vivaces; il réunit cette section avec les deuxième et troisième en une seule, tandis que celle des *Drabella* ne possède que des plantes annuelles à caractères spéciaux (in *Linnæa*, t. XIII, pp. 316 et suiv.) — M. Duval-Jouve a constaté dans son étude des espèces méditerranéennes du genre *Polypogon*, que les annuelles (*P. subspathaceum* Req., *P. maritimum* Willd., *P. monspeliense* Desf.), diffèrent des vivaces (*P. Clausonis* Duval-J., *P. littorale* Sm.), par la position dans l'articulation des pédicelles et par des arêtes bien plus longues (in Billot, *Annot.*). — Dans ses divisions du genre *Potentilla*, Lehman a établi sous le nom d'*Acephalæ* un dernier groupe d'espèces herbacées, toutes annuelles ou bisannuelles (in *Nov. act. nat. curios.* tom. XXIII et XXIV, Suppl.). — Dans le genre *Saxifraga*, le sous-genre ou la section *Bergenia* se distingue à la fois par ses tiges sous-frutescentes et par d'autres signes qui lui sont propres. — Le genre *Aphanes* de Linné, aujourd'hui à peu près généralement réuni au genre *Alchemilla*, avait jusqu'à un certain point sa raison d'être, car les espèces qu'il comprend sont de petites plantes annuelles différant des *Alchemilla* par la durée, par le port et par un nombre moindre d'étamines. — Si, comme il paraît, l'*Amarantus deflexus* L. (*Euxolus deflexus* Raf. et Moq.) est annuel, ainsi que l'admettent Steudel, Kunth, Gussone, MM. Lloyd, Moquin-Tandon (contrairement à MM. Cosson et Germain, Grenier et Godron qui le disent vivace); si le *Galeopsis Galeobdolon* L. est retiré du genre *Galeopsis*, soit pour en former un distinct (*Galeobdolon*), soit pour rentrer dans les *Lamium* ou les *Leonurus*, les genres *Amarantus Euxolus*, *Galeopsis* ne seront composés que d'espèces annuelles. Des sections formées de plantes de cette même durée ont été établies dans les genres *Sideritis* et *Helianthemum*. Dans les genres *Stachys*, *Senecio*, *Sonchus*, le caractère de la durée a également servi à établir des paragraphes ou sous-sections.

Mais alors même que toutes les espèces connues d'un genre nombreux se feraient remarquer par l'uniformité de leur durée, il n'en faudrait pas conclure, à moins qu'il n'y eût dans le système souterrain quelque particularité d'organisation en rapport avec la durée, que toute autre durée est incompatible avec la nature du groupe; car, si naguère encore il était permis de signaler les *Cucurbita* comme plantes annuelles (*Plantæ annuæ*, dit Endlicher dans son *Genera*), et les *Phlox* comme vivaces ou sous-frutescents (*Herbæ perennes interdum suffrutescentes*, Ibid.), la découverte du *Cucurbita perennis* As. Gray d'une part, du *Phlox Drummondi* Hook. (espèce annuelle), de l'autre, nécessite une modification à ces caractères absolus. Si la plupart des *Pelargonium* sont sous-frutescents, il en est plusieurs de vivaces (*P. triste* L., *P. Endlicherianum* Fenzl, et on en signale de bisannuels et même d'annuels.

Il en est tout autrement des *Cyclamen* dont toutes les espèces connues paraissent avoir un tubercule colliaire (formé par le collet). Ce dernier caractère, supposé constant, entraîne nécessairement avec lui pour ces plantes cet autre d'une longue durée, et ces considérations s'appliquent de même aux *Conopodium*, aux *Helleborus*, &c.

La présence ou l'absence d'un tubercule permet encore de subdiviser le genre *Tropæolum* en deux groupes bien marqués.

§ III. *Du caractère de la durée dans ses rapports avec la distinction des espèces ou des variétés.*

A. Même au point de vue de la distinction des espèces, le caractère tiré de la durée a parfois été d'un grand secours. Linné ne distinguait qu'à titre de variété le *Jasione perennis* du *J. montana* annuel, la désignant ainsi : *radice perenni ;* et il était par là conséquent avec ses principes, car il a écrit : *Annuas inter et perennantes radice plantas sufficiens non intercedit nota specifica* (*Critica bot.*, n° 273). — Miller a séparé de l'*Hyoscyamus albus* L. annuel, son *H. major* vivace; et Dunal, tout en rapportant à l'*H. niger* L., comme variété, l'*H. agrestis* Waldst. et Kit., se demande s'il ne faudrait pas l'élever au rang d'espèce, car elle est annuelle, l'*H. niger* étant annuel et bisannuel. — L'*Herniaria hirsuta* se distingue, par sa durée ordinairement annuelle, de l'*H glabra*, plante pérennante. — Le *Beta maritima* L., dont M. Moquin-Tandon ne fait qu'une variété du *B. vulgaris* L., est distingué comme espèce par MM. Grenier et Godron qui le disent vivace, tandis que le *B. vulgaris* est ordinairement bisannuel. — Poiret eut tort de ne pas tenir assez de compte de la durée lorsqu'il réunit (*Encycl.*) le *Polygala monspeliaca* L. (plante annuelle), à titre de variété, au *P. vulgaris* L., plante vivace. — Hochstetter considérait l'*Euphorbia stricta* L. comme une forme bisannuelle de l'*E. micrantha* Bieb. (in *Flora oder. bot. Zeit.*, de 1835, p. 369). Les auteurs de la *Flore de France* les réunissent.— Ils rapportent aussi, à l'exemple de Koch, à l'*Anthemis arvensis* L., l'*A. agrestis* Wallr. (t. II, p. 153). Aux yeux de De Candolle, la plante de Wallroth est une variété de la première (*Prodr.* t. VI, p. 6), et les trois phytographes français appliquent à ces Composées le signe ⊙, tandis que M. Fries, tenant l'*A. agrestis* pour annuel, et l'*A. arvensis* pour bisannuel, s'est demandé si ces deux plantes ne seraient pas des modifications d'une seule et même espèce (*Floræ suec. mant.* 1). — MM. Grenier et Godron et Lloyd disent annuel le *Matricaria maritima* L., dans lequel ils sont tentés de voir une variété du *M. inodora* L., et auquel ils rapportent en synonyme le *Pyrethrum maritimum* Smith (*loc. cit.* 2, p. 149) (1). Au contraire, Smith, De Candolle (*Flore franç.*, t. v, p. 477), et M. Duby (*Bot. gall.*, p. 272), inscrivent la première de ces deux plantes comme vivace. — De Candolle, Koch et MM. Grenier et Godron disent vivace l'*Hypericum humifusum* L.; Villars distinguait de cette espèce une variété sous le nom de *H. Liottardi*, et il ajoutait : La première est vivace, la seconde est bisannuelle (*Pl. du Dauph.*, t. III, p. 505). J'ai vu des pieds nains unicaules et à racine très-grêle d'*H. humifusum* évidemment annuels. La durée de l'espèce est donc variable. — Chavannes (*Monogr. des Antirrh.*, p. 94). MM. Bentham (in *Prodr. regn. veg.*), et Grenier et Godron voient dans l'*Antirrhinum crassifolium* Willd. une variété du *Linaria origanifolia* DC. Mais Mutel (*Fl. fr.*, t. II, p. 376), et M. Lagrèze-Fossat (*Fl. de Tarn-et-Garonne*, p. 274), l'en distinguent principalement d'après le caractère de la durée, le *L. origanifolia* étant vivace, le *L. crassifolia* annuel ou bisannuel. — La différence de durée a puissamment servi à séparer du *Viola tricolor* L., plante annuelle ou pérennante, les *V. altaica* Led., *elegans* Spach et *rothomagensis* Desf. qui sont vivaces. — MM. Grenier et Godron rapportent au *Sinapis Cheiranthus* Koch deux variétés, l'une qu'ils appellent *Genuina* à racine annuelle et bisannuelle, l'autre *Montana* bisannuelle et vivace. — Ils considèrent aussi l'*Arenaria fugax* J. Gay, comme une variété annuelle ou bisannuelle de l'*A. ciliata* L. vivace. — Linné confondait, sous le nom de *Montia fontana*, deux espèces, dont l'une (*M. minor* Gm.), est an-

---

(1) M. Lloyd dit même avoir obtenu, dans un de ses semis, le *Matricaria maritima* de graines du *M. inodora* (*Flore de l'Ouest*, p. 243).

nuelle, et l'autre (*M. rivularis* Gm.), vivace. — De Candolle a rangé le *Centaurea atropurpurea* Waldst. et Kit., au nombre des variétés du *C. calocephala* Willd. (in *Prodr.*, t. VI, p. 587). Mais Fischer et Meyer ont cru devoir rétablir l'espèce de Waldstein et Kitaibel, qu'ils disent bisannuelle, tandis que le *C. calocephala* Willd. est vivace (*Animadv. bot., anno* 1840). — Le *Buplevrum paniculatum* Brot. a le port et plusieurs des caractères du *B. fruticescens* L., dont il diffère entre autres par la durée annuelle de ses tiges. — De Candolle (*Fl. fr.*, et *Prodr.*), donne au *Sedum hirsutum* les signes ♂ ex All., ♃ ex Pourr. Mais dans son *Mémoire sur les Crassulacées*, p. 34, il déclare cette espèce bisannuelle et s'appuie sur ce caractère pour en séparer le *S. corsicum* Dub., espèce, dit-il, évidemment vivace. — J'ai montré dans un autre Recueil (*Bull. Société bot. de France*, t. IX, p. 6), que le *Stellaria neglecta* Weih. diffère du *S. media* Vill. par sa longue durée. — Le *Mathiola annua* Sweet ne se sépare guère du *M. incana* R. Br. (espèce portée bisannuelle par *Le Bon Jardinier*, ♃ par MM. Grenier et Godron, ♄ ♃ par De Candolle), que par sa durée, et De Candolle écrit à ce propos : « Cl. Brown, hanc, forsan rectissimè, habet pro *M. incanæ* varietate (*Prodr.*, t. I, p. 133) », et ailleurs : « Le *Brassica suffruticosa*, quoique ligneux, ne semble pas différer du *B. arvensis* qui est annuel (*Mém. sur les Crucifères*). » — Les phytographes ont parfois confondu les *Trifolium spadiceum* L. et *badium* L. Au rapport de MM. Soyer-Willemet et Godron (*Rev. des Trèfles*, pp. 15 et 34), Villars, De Candolle et Desvaux ont décrit, sous la première de ces dénominations, le *T. badium* L., espèce vivace (comme le reconnaît Villars), tandis que Linné dit annuel son *T. spadiceum*. — S'il est vrai que le *Barbarea vulgaris* R. Br. soit vivace, comme l'admettent De Candolle (*Prodr.*), Steudel, MM. Cosson et Germain, Boreau (et nous l'avons vu tel au Jardin botanique de Toulouse), ce caractère le distinguerait des autres espèces du continent qui sont dites bisannuelles ; toutefois, aux yeux de MM. Grenier et Godron, le *B. vulgaris* est bisannuel ou vivace. — Les floristes s'accordent à déclarer bisannuel le *Trinia vulgaris* DC. ; mais l'auteur du *Prodromus* rapporte à cette espèce une variété (β *Jacquini*), qu'il inscrit comme annuelle. — C'est peut-être pour n'avoir pas assez tenu compte de la durée que Chamisso et M. de Schlechtendal (in *Linnæa*, t. II, p. 355), ont rapporté au *Lythrum hyssopifolia* L., espèce annuelle, le *Salicaria Græfferi* Ten., donné par Steudel comme synonyme du *Lythrum Græfferi* Ten., espèce vivace.— M. Jordan distingue surtout du *Stachys annua* L. son *S. delphinensis*, par ce double caractère : petitesse des fleurs, souche pérennante. — Gussone s'est appuyé sur le caractère de la durée pour distinguer son *Saponaria calabrica* annuel du *S. ocimoides* L. vivace, et son *Secale montanum* vivace du seigle commun (*Index sem.* anno 1825). — Le caractère d'une moindre durée sert à distinguer le *Verbena supina* L., annuel ou bisannuel du *V. officinalis* L. vivace.

M. Duby a écrit à la suite de sa diagnose de l'*Anagallis Monelli* Clus. : « *an varietas cærulea A. collinæ?* (in De Candolle, *Prodr.*, t. VIII, p. 70). » Si l'*A. Monelli* Clus. est annuel, comme le dit M. J. Gay (sur les étiquettes des échantillons de cette espèce recueillis en Espagne par M. Bourgeau), et non vivace, comme le donne M. Duby, on aura là un motif de plus pour le séparer de l'*A. collina* Schousb.

Linné réunit à son *Myosotis scorpioides* deux variétés, l'une *arvensis* annuelle, l'autre *palustris* vivace ; Mœnch éleva celle-ci au rang d'espèce, sous le nom de *M. perennis*, et Hoffmann créa le *M. sylvatica* sans lui assigner de durée. De Candolle admit d'abord (*Fl. franç.*) l'espèce de Mœnch, à laquelle il rapporta trois variétés, sous les dénominations α. *palustris*, β. *sylvatica*, γ. *alpestris* et avec la désignation commune vivace. Puis on a distingué le *M. palustris* With., comme espèce ; mais quant aux deux autres variétés, on voit d'une part Koch et De Candolle (*Prodr.*), faire de l'*alpestris* Schm., une variété du *M. sylvatica*, élevé au rang d'espèce, et de l'autre, MM. Grenier et Godron donner le titre d'espèce aux *M. alpestris* et *sylvatica* qu'ils disent bisannuels. Le *M. sylvatica* paraît l'être, et c'est à tort que Chamisso (in *Linnæa*, t. IV,

p. 445) et Steudel (*Nomencl.*), le qualifient de vivace ; mais le *M. alpestris* montre un rhizome, indice d'une plante vivace ; et en effet, il est signalé comme tel par Poiret (*Encycl.* sub. *M. odorata*), par De Candolle (*Prodr.*). Le caractère de la durée vient donc peser ici en faveur de la séparation de ces plantes.

Il est un groupe de végétaux, et des plus importants, où le caractère de la durée est aussi incertain que le nombre des espèces qu'il doit comprendre ; je veux parler du genre Cotonnier (*Gossypium*). De Candolle (*Prodr.*), en énumère treize espèces, ajoutant : *species omnes incertæ*. M. Spach reconnaît aussi qu'on ne connaît que très-imparfaitement les variétés et les espèces de ce genre (*Vég. phanérog.*). Et tout récemment, M. le marquis de Fournès, qui a cultivé avec succès le cotonnier dans le Gard, écrivait : « Y a-t-il un cotonnier herbacé et un cotonnier ligneux, un cotonnier annuel et un cotonnier vivace?... Il est probable qu'il n'existe dans la nature, en fait de cotonnier, qu'un seul et même arbuste ligneux qu'on peut cultiver annuellement ou conserver plusieurs années suivant les climats (in *Bull. Soc. imp. d'acclim.*, t. IX, p. 490). C'est à coup sûr aller trop loin. On trouve, il est vrai, dans le *Prodromus*, appliqués à une même espèce les signes ⊙ ♃, ou ⊙ ♄, ou ♂ ♃, etc. Mais comme le genre *Gossypium* réclame de nouvelles études et une révision complète, on est autorisé par cela même à ne pas le faire servir d'argument contre l'importance attribuée au caractère de la durée ; car de nombreux faits permettent d'établir que lorsque deux plantes conservent constamment à l'état spontané et dans les mêmes conditions de station, de climat et de sol, une différence de durée, elles appartiennent très-probablement à deux espèces distinctes.

La maturation annuelle ou bisannuelle des fruits dans le genre *Quercus* a fourni un caractère à M. J. Gay pour séparer du *Quercus Suber* L. son *Q. occidentalis* (Voy. *Ann. Sci. nat.* 4e sér. t. VI, et *Bull. Soc. bot.* t. IV, p. 445).

B. Les exemples qui précèdent et que l'on pourrait multiplier presque à l'infini, témoignent tous de l'importance de la durée des plantes pour la détermination des espèces, et l'on s'étonne que quelques phytographes modernes négligent de signaler ce caractère dans leurs Flores ou leurs Catalogues. L'indication précise de ce caractère doit avoir d'autant plus de valeur aux yeux des floristes, qu'une fausse donnée en ce genre peut devenir parfois une cause d'incertitude et d'embarras. C'est ainsi que Fischer et Meyer, rapportant au *Gnaphalium spicatum* Lamk., le *G. coarctatum* Link. et le *G. spicatum* Less. ajoutent : « Nostra planta semper annua ; an ergo revera *G. spicatum* Lam. ? cujus radix dicitur perennis ? (in *Annal. des Sc. nat.*, 2e série, t. XIV, p. 370). » — N'est-ce pas par suite de fausses indications sur la durée, que Linné s'est cru fondé à distinguer le *Reseda alba* qu'il dit annuel du *R. fruticulosa* (et non *suffruticulosa*) donné par lui comme vivace (1), et réunis en une seule espèce par les auteurs modernes? Le botaniste suédois, après avoir donné trop peu d'importance au caractère de la durée, à propos du *Jasione*, a suivi une marche inverse au sujet du *Cheiranthus Cheiri*, auquel Vitman et De Candolle ont rapporté le *C. fruticulosus* L., avec cette indication: *♃ interdum ♂ aut ♄ evadens*. C'est pour n'avoir pas tenu compte du caractère de la durée que Mérat a été conduit à regarder les *Sagina procumbens* et *apetala* comme appartenant à une même espèce, et cependant, l'une de ces deux plantes est annuelle et l'autre vivace ou pérennante (*Rev. Fl. paris.*, p. 29). La plupart des auteurs modernes admettent comme espèce distincte le *Raphanus Landra* Morett., indiquant au nombre de ses caractères distinctifs une *souche vivace* (par exemple : MM. Grenier et Godron). De Candolle lui applique les signes ♂ ♃, et Gussone ⊙ ♂. M. Spach ne voit dans cette plante qu'une *variation très-commune, à fruit moins grêle, et à feuilles interrupté-pennatifides* du *R. Raphanistrum* L. (*Vég. Phanér.*, tom. VI, p. 336). Dans ce conflit d'opinions, s'il était avéré que le *R. Landra* fût à l'état spontané constamment vivace, le caractère de la durée devrait être pris en grande considération pour le

(1) Cet exemple est suivi par Poiret (*Encyclop.*).

distinguer comme espèce. Toutefois, mes échantillons d'Herbier me semblent dénoter une espèce annuelle ou bisannuelle, car d'une racine médiocre s'élève une tige unique continue avec elle ; un seul d'entre eux a une forte racine et une forte tige. M. Spach, dit le *R. Raphanistrum* annuel ou bisannuel.

Le *Cerinthe glabra* Mill. est-il celui de De Candolle ? L'auteur anglais a décrit le sien comme annuel (*Diction.*), et De Candolle (*Prodr.*) applique au *C. glabra* Mill. les signes ♃ ♂? Koch veut que le *C. glabra* Mill. ne diffère du *C. major* L. que par des feuilles glabres (*Synops.*), et il rapporte (imité en cela par MM. Grenier et Godron) le *C. glabra* DC. au *C. alpina* Kit., espèce vivace. C'est donc à tort que Steudel réunit au *C. major* le *C. glabra* DC.

A l'importance attribuée dans ce travail au caractère de la durée des plantes, on objectera peut-être les nombreux moyens que possède l'homme pour modifier la durée d'un certain nombre d'espèces : 1° les obstacles apportés à la floraison des plantes annuelles ; 2° la greffe de certaines espèces annuelles sur d'autres vivaces et réciproquement, et 3° enfin, cette particularité que des plantes bisannuelles devenues hybrides ou doubles, passent à l'état vivace (Voy. De Candolle, *Physiol. végét.*, pp. 971 et suiv.). Mais ces faits, si remarquables qu'ils soient, sortent de l'état normal, et ne sauraient dès lors infirmer en rien les résultats généraux de cette étude.

CHAPITRE III.

DIVERS MODES DE MULTIPLICATION ASEXUELLE DES PLANTES VIVACES, ET LEUR DIVISION EN TROIS GROUPES.

§ I.

Envisagées au point de vue de l'organe conservateur de la vitalité, les plantes sont naturellement vivaces.

1° *Par les racines : Tropæolum tricolorum*, *T. brachyceras*, *T. azureum*, etc. *Neottia Nidus-avis*, quelques *Hypericum*.

2° *Par le collet* offrant soit plusieurs points de végétation, *Bunium*, *Carum*; soit un seul, *Cyclamen*, *Testudinaria*.

3° *Par le rhizome* : *Iris*, *Polygonatum*.

4° *Par le cespes* (*souche* de plusieurs auteurs) : *Euphorbia verrucosa*, *E. Cyparissias*.

5° *Par la tige rampante* : *Ajuga reptans*, *Lysimachia Nummularia*, *Cynodon Dactylon*.

6° *Par le tubercule*, soit *monomérithallien* (à un seul entre-nœud) : *Orchis*, *Ophrys*, *Aconitum*; soit *polymérithallien* : *Helianthus tuberosus*, *Solanum tuberosum*.

7° *Par l'extrémité des rameaux* s'enracinant : *Linaria commutata* Bernh.

8° *Par le rhizome et des bourgeons libres* : *Cardamine pratensis*, *C. latifolia*.

9° *Par des bulbes* : *Crocus*, *Colchicum*.

10° *Par des bulbes et des cayeux* : plusieurs espèces d'*Allium*.

11° *Par des bulbes et des bulbilles* : *Lilium bulbiferum*, *L. tigrinum*.

12° *Par des bourgeons de scissiparité* dans des plantes terrestres : *Sempervivum tectorum*, *S. montanum*, *Saxifraga granulata*, *S. Carpetana*, Ficaire; ou aquatiques, Utriculaires, *Potamojeton crispus*, *Aldrovandia*, *Hydrocharis*, *Hydrilla*.

13° *Par des innovations* : Mousses.

14° *Par des propagules* : *Chara*, *Marchantia*, gonidies des Lichens, Zoospores Macrogonidies, Microgonidies des Algues.

15° *Par des fragments de plantes*, articles des *Chara*, Cuscute.

§ II.

On a confondu sous le nom de *vivaces* des plantes dont la multiplication par gemmes est très-différente, mais peut se rapporter à trois types.

A. Vraies vivaces. La partie souterraine reste immobile, perdant tous les ans ses rameaux aériens. Ces plantes me semblent se prêter à une subdivision naturelle, suivant qu'elles sont ou *cespiteuses* ou *tubéreuses*. La tubérosité est formée ou par un renflement du collet, ou par une partie de la racine : dans le premier cas, les nouveaux bourgeons partent soit du sommet (*Cyclamen, Testudinaria*), soit de points différents du tubercule (*Bunium*, *Conopodium*); dans le second, beaucoup plus rare, ils émanent, d'après Muenter, du pôle gemmaire du tubercule (*Tropæolum tricolorum* et autres cités plus haut).

B. Indirectement vivaces, et encore ici il faut distinguer :

1° Les *rhizomes*, se détruisant d'un côté, s'allongeant de l'autre, soit par continuation de l'axe primaire, soit à l'aide d'axes secondaires, tertiaires, etc. ; *les tiges rampantes* qui se comportent de même.

2° *Les plantes à deux axes.* On décrit communément les *Orchis*, les *Ophrys*, le *Dioscorea Batatas* comme vivaces ; mais leur tubercule, ainsi que la tige florale qui le surmonte, n'a qu'une végétation annuelle : sa seconde année est celle de sa destruction au profit d'une tige qui, vivant à ses dépens, émet un nouveau tubercule gemmifère au sommet, et ainsi de suite chaque année.

C. Semi-vivaces. Il convient, ce semble, de placer dans cette catégorie toutes les plantes *annuelles* qui, indépendamment de la sexualité, se propagent à l'aide de bourgeons ou de propagules devenus libres ; les bourgeons étant ou *foliacés*, (*Saxifraga granulata* L.), ou *charnus*, ou *tuberculeux* (*Oxalis crenata*), ou *cornés* (*Potamogeton crispus* L.), ou à l'état d'innovation (Mousses annuelles). Les propagules étant les frondes des *Lemna*, les tétraspores des Algues, les cellules amylophores des *Chara*, les gonidies des Lichens.

CHAPITRE IV.

RAPPORT DE LA DURÉE AVEC D'AUTRES CARACTÈRES ET AVEC LES CIRCONSTANCES EXTÉRIEURES.

1° *Avec la forme des racines :* Peut-on, d'après les racines d'une plante, reconnaître la durée de celle-ci ? Bosc a écrit : « L'inspection des racines suffit pour faire distinguer les plantes vivaces de celles qui sont annuelles ou bisannuelles (in *Nouv. cours d'agric.*, 2e éd., t. XVI, p. 499). » Mais je n'hésite pas à déclarer que cette assertion, exprimée d'une manière aussi générale, est complètement erronée. Il est des plantes annuelles munies de longues et fortes racines (dans les Malvacées par exemple), et qui ne diffèrent pas, sous ce rapport, des plantes bien évidemment vivaces. Sans doute, le plus souvent celles-ci se feront reconnaître à leurs nombreuses et fortes tiges, ou à la présence des tiges ou vestiges de tiges desséchés au-dessus du sol; le *Myosotis sylvatica* Hoffm., bisannuel, se distingue bien à sa racine fibreuse du *M. alpestris* Schm. vivace et pourvu d'un vrai rhizome; sans doute encore plusieurs plantes bisannuelles ont une racine renflée ou charnue; mais, je le répète, la racine par elle-même ne peut que rarement offrir quelque certitude à cet égard, à moins qu'on n'ait à faire à des rhizomes. L'exemple fourni par la betterave prouve aussi que le nombre des couches ligneuses de la racine, pour déterminer son âge, ne saurait fournir un *criterium* suffisant. Toutefois, la vue de la racine peut souvent aider à déterminer la durée des plantes, et cet organe doit, autant que possible, faire partie des échantillons herbacés que l'on dessèche; car c'est probablement pour n'avoir vu que des fragments secs de *Trifolium elegans* Sav., qu'en 1810 Loiseleur Deslongchamps qualifiait cette plante d'annuelle (*Notice*, *s. pl.* p. 109).

2° *Avec la couleur*. Le botaniste qui se bornerait à la connaissance des espèces de la Flore française, pourrait croire que cette relation existe dans le genre *Lactuca*, dont les trois seules espèces vivaces ont les fleurs bleues, tandis que les autres, qui les ont jaunes, sont annuelles ou bisannuelles. Mais il suffit d'ouvrir le *Prodromus* pour se désabuser; car les deux paragraphes, *Cyanicæ* et *Xanthinæ*, établis dans une section de ce genre par De Candolle, renferment l'un et l'autre des plantes annuelles, bisannuelles et vivaces.

3° *Avec la floraison*. Un botaniste philosophe a écrit :

« Adeas plantas annuas seu biennes et videbis, quod,

quandiu flore non operiuntur, frigidæ resistant hyemi e. gr. *Dianthi*, *Lychnides*, *Coronariæ;* si vero primo anno flores producant, ingruente hyeme plerumque pereunt; si vero floribus carent, tertium et quartum persæpe absolvunt annum. »

4° *Avec la sexualité*. La différence des sexes a-t-elle quelque rapport avec la durée? Dans les plantes dioïques, les pieds femelles, chargés d'amener les graines à maturité, prolongent leur vie de quelques jours au delà de celle des individus mâles; mais je ne connais pas de faits dénotant, sous ce rapport, une différence bien tranchée entre les deux sexes d'une même espèce dioïque.

5° *Avec le climat*. Il serait superflu de développer ici un sujet traité dans les nombreux ouvrages de physiologie végétale que possède la science. Le Ricin, la Belle de Nuit, la Capucine, sont des exemples bien connus de l'influence du climat sur la durée des plantes (1). On sait aussi que les espèces annuelles appartiennent surtout aux régions tempérées, les vivaces aux contrées froides.

6° *Avec la station*. D'après MM. de Schlechtendal et J. Gay, le *Viola tricolor* L. n'est monocarpique que dans les terres sablonneuses ou labourées. Est-ce la station montagnarde qui modifie à la fois la durée et les caractères superficiels de cette espèce, de manière à donner la variété *grandiflora montana* Kirschl. (*V. vivariensis* Jord.)?

7° *Avec la nature du sol*. Quelques faits ne permettent pas de mettre en doute l'influence de la nature du sol sur la durée des plantes; mais ce sujet réclame une étude toute spéciale. Linné appliquait au *Reseda alba* le signe ⊙, au *R. fruticulosa* le signe ♃. Steudel donne au premier les signes ⊙ ♂, au second ♃ ♄. Les auteurs modernes ont réuni ces deux prétendues espèces en une seule, qui reçoit de MM. Grenier et Godron et de Pouzolz les signes ⊙ ♂, de Gussone ♃ ♄. Au rap-

(1) « Dans l'île de Ténériffe, il est impossible, dit Desvaux (*l. c.* p. 507), de ne pas retrouver notre *Sisymbrium Sophia* dans le *Sisymbrium millefolium*, qui est ligneux. »

port de Chaubard (cité par Mutel), ce Réséda devient ligneux dans les lieux abrités et non labourés, dans les haies à Agen. On voit parfois la même espèce vivace sur les hautes montagnes, annuelle ou bisannuelle dans la plaine ; telles, d'après MM. Grenier et Godron, le *Sinapis Cheiranthus* Koch et l'*Arenaria ciliata* L.

M. Jordan, en séparant du *Medicago Gerardi* Willd. son *M. Timeroyi*, fait remarquer que ce dernier, étant annuel, est fréquent dans les moissons, où l'on ne trouve jamais le premier, dont la floraison n'a généralement lieu que la seconde année. Le *Jasione montana* L. annuel offre, d'après M. Alph. de Candolle (in *Prodr. reg. veg.*), plusieurs variétés vivaces, principalement lorsqu'il croît dans les sables maritimes. La durée de l'*Hypericum humifusum* L. paraît également différer suivant la nature du sol où il croît. Mérat a écrit aussi : Les *Briza* paraissent être du nombre de ces plantes qui sont susceptibles d'être annuelles, bisannuelles, peut-être vivaces, suivant la nature du terrain où elles croissent, comme l'*Anagallis*, la Jusquiame, etc. (*Rév. de la Flore parisi.*, p. 102.) Mais cet exemple semble mal choisi : les *Briza minor* et *maxima* sont, je pense, toujours annuels ; le *B. media* est toujours vivace.

La culture des jardins semble tantôt accroître et tantôt restreindre la durée des espèces. Le *Viola rothomagensis* Desf., vivace dans son lieu natal, perd dans les jardins ce caractère de longue durée, confirmant cette règle de Linné : *Plurimæ plantæ spontaneæ perennes sunt, at in hortis cultæ annuæ evadunt, uti Beta, Majorana.* (*Crit. bot.*, n° 273.) Dans certains sols humides, la racine de certaines plantes qui, dans un terrain sec, prolongeraient leur durée, se pourrit et détermine leur mort.

La station aquatique doit avoir aussi sur la durée des plantes une influence, mais que nous ne saurions préciser avec certitude.

CHAPITRE V.

DES CAUSES QUI PEUVENT INDUIRE EN ERREUR SUR LA DURÉE DES PLANTES.

Certaines plantes parcourent une ou plusieurs phases de leur végétation première sous le sol, entièrement soustraites à nos regards, et ne viennent au jour qu'à l'époque de la floraison : tel est le cas, d'après Vaucher, de quelques espèces d'Orobanches. M. Bouteille déclarait récemment que l'*Orobanche Hederæ* Vauch. n'est point vivace, comme l'indiquent les floristes, mais bien annuel comme l'a dit M. Lecoq; mais il ne l'a vu lever que la quatrième année du semis, (V. *Bullet. Soc. bot. de France*, t. IX, p. 340). observation déjà faite par M. Passy (*Ibid.* t. VI, p. 85). Toutefois il est probable, selon la juste remarque de M. Duchartre (*Ibid.*), que cette Orobanche, après avoir germé, a une végétation souterraine d'une durée de deux à trois ans? Et dès lors, n'est-il pas également présumable que quelques espèces de ce genre, dites annuelles, sont réellement bi-trisannuelles?

Il se peut encore que telle espèce dont la durée normale est bisannuelle ou vivace, se montre accidentellement annuelle sous telle ou telle influence soit du sol, soit du climat.

Parfois, une erreur de détermination conduit à une conclusion erronée sur la durée des plantes. Ainsi, lorsque Schlauter énonçait que l'*Orobanche amethystina* Thuill. (*amethystea*) est annuel et non vivace (in *Flora* oder *Bot. Zeit.* de 1837, p. 45), il avait sans doute en vue une tout autre espèce, l'*O. Picridis* Vauch. ; car, dit-il, elle croît sur les rosettes de la première année du *Crepis biennis* L. et du *Picris hieracioides* L.

CHAPITRE VI.

DES SIGNES PROPRES A REPRÉSENTER LA DURÉE DES PLANTES.

A quelle époque la durée des plantes a-t-elle été signalée comme caractère constant dans les descriptions ? L'Ecluse est peut-être le premier qui, dès 1576, ait porté une attention spéciale sur ce sujet. Mais quant aux signes employés pour représenter la durée des plantes, je ne puis en découvrir avant Morison. C'est dans son *Hortus regius Blesensis*, en date de 1669, que ces signes sont placés à la suite de chaque *nom descriptif* de plante ; et, dans la préface de cet ouvrage, cet auteur s'exprime ainsi : « Observabis (amice lector) plantas omnes hac notulâ ☉ affectas, vivaces seu perennes denotari. Plantas vivaces seu perennes appello, quarum radix (postquam defloruerint semenque produxerint plantæ) novos quotannis emittit Asparagos caulesve, quin et ex eâdem radice, de novo singulis annis reviviscunt, plantæ perennes. Arbores et frutices nullâ indigitantur notâ, quippe sponte sese declarant vivaces. Plantas autem quibus passim affigitur hæc notula ☿ intellige (amice lector) annuas ; per annuas, non solum intelliguntur eæ plantæ, quæ intra anni spatium semen suum perficiunt, sed et quæ secundo, aut perraro tertio anno, semine perfecto, exsiccantur pereuntque nulla restibili radice ; ex quâ de novo stolones ut perennes emittant. Has duas notulas ☉ et ☿ ad plantarum indigitandam elegi : quippe ut aurum, in multos annos ignem facile perfert, sine perditione ; ita plantæ perennes, plurimos solis accessus et recessus, pariter facillime tolerant, sese renovantes de novo quotannis Mercurii omnium metallorum magis fluidi et ad ignem positi, citissime evanidi notulam hanc ☿ annuis affixi. »

Mais cet auteur, soit dans la description des plantes nouvelles placées à la suite du Catalogue précédent, soit dans son *Plantarum historia universalis* de 1715, indique bien la durée des plantes, mais sans employer les signes inventés par lui.

Après Morison, il faut franchir plus d'un demi-siècle, et arriver au grand législateur de l'histoire naturelle pour retrouver l'emploi de signes propres à représenter la durée des végétaux. On les cherche vainement dans les premiers ouvrages descriptifs de Linné et même dans son *Flora zeylanica*, publié en 1747; mais ils apparaissent dans une dissertation académique soutenue, sous sa présidence, en 1753, par Hedenberg (1). A propos de ces signes, l'auteur des *Démonstrations de botanique* a écrit en 1787 : *signes empruntés de Linné*, et Loiseleur Deslongchamps : *Plantarum duratio signis Linnæanis notatur* (*Flora gall.* préf. p. VII). Mais si Linné est le créateur de ces signes, n'en aurait-il pas emprunté l'idée à Morison (2)? N'aurait-il pas encore été guidé par ces étranges préjugés, si longtemps en vogue, qui, faisant dépendre des astres l'efficacité des plantes, avaient conduit à distinguer celles-ci en *solaires*, *martiales*, *joviales*, *saturniennes*, etc.? Quoi qu'il en soit, ces signes ne furent encore que peu employés dans la seconde moitié du XVIIIe siècle, omis par Murray (*Syst. veget.*), et par Willdenow dans sa Flore de Berlin (1787); mais admis par ce dernier dans son édition du *Species* de Linné (1797).

En proposant dans ce travail quelques nouveaux signes, ou plutôt quelques modifications aux signes connus et admis par tous, et destinés à représenter des états bien déterminés de la végétation des plantes, je n'ignore pas la défaveur qui s'attache à toute tentative de ce genre. Je sais l'insuccès dans cette voie de MM. Guillard et Seringe (*Formules botaniques*), de Raspail (*Nouveau système de physiologie végét.*, t. 2, p. 410), et de M. Al. Braun (voyez *Mémoires de l'Académie de Berlin* de 1853, p. 108 et suiv.); je sais que plusieurs des signes

---

(1) C'est aussi à cette époque que Linné, dans son *Species plantarum* (1re édit. 1753), réforma la nomenclature, son premier essai dans cette voie ayant eu lieu en 1749, dans sa Dissertation intitulée *Pan suecus*.

(2) S'il en est ainsi, il est étrange de voir le signe ⊙ désigner pour Morison une plante vivace, et pour Linné une espèce annuelle.

proposés par De Candolle pour représenter les diverses sortes de plantes ligneuses ne sont point adoptés par tous les phytographes ; mais il est rare aussi qu'une chose réellement utile soit à jamais repoussée. J'en ai la preuve dans l'admission à peu près universelle dans toutes les Flores des signes *R* (rare), *C* (commun), etc. Ce caractère d'utilité appartient-il à ceux que je propose ? J'ai dû le croire, en attendant le sentiment des botanistes.

Qu'il me soit permis de déclarer, en terminant, que l'unique mobile de ce travail a été, non certes un esprit de critique, mais bien l'intérêt de la science. J'ai cherché à ne pas dépasser les limites que j'avais assignées d'avance à cet écrit, qui, par sa nature même, pourrait se prêter à une extension presque indéfinie. Mon but aura été atteint, si ces quelques pages suffisent à démontrer :

1° Que le sujet de la durée des plantes n'a pas été jusqu'ici suffisamment étudié, car la durée d'un grand nombre d'espèces a été établie d'une manière arbitraire ou inexacte ; 2° qu'il convient d'accorder désormais à ce caractère plus de valeur qu'on ne l'a fait ; 3° qu'il faut distinguer deux sortes de plantes bisannuelles, les vraies à deux périodes bien marquées de végétation ; les fausses, qui ne diffèrent pas des annuelles ; 4° qu'il est des plantes intermédiaires entre les bisannuelles et les vivaces, ce sont les *pérennantes* ou *subvivaces* (sub-♃) ; qu'il en est tenant le milieu entre les vivaces proprement dites et les ligneuses, ce sont les *subligneuses* (sub-♄) ; 5° que dans le groupe des vraies vivaces, il faut distinguer d'abord les épigées (*épi-vivaces*, épi-♃), conservant toujours des tiges aériennes feuillées, des hypogées (*hypo-vivaces*, hypo-♃), dont les parties vivantes sont en hiver cachées sous le sol ; puis les vivaces à axes non interrompus (rhizomes, tiges rampantes, etc.), des vivaces à deux degrés (*Orchis*) ; 6° qu'on a rapporté à la grande division des végétaux vivaces une catégorie de plantes dont tous les organes de végétation se détruisent chaque année, tous excepté certains bourgeons chargés de la propagation l'année suivante ; ce sont des *semi-*

vivaces (1/2-♃ ou semi-♃) ; 7° que les hybrides et les parasites ne paraissent se prêter, au point de vue de la durée, à aucune conclusion générale ; 8° que l'importance du caractère de la durée dans la classification est parfois très-grande, car il peut servir, dans l'établissement des familles ou de leurs tribus, des genres ou des sous-genres, des espèces, des variétés ou des races ; 9° qu'une fausse donnée sur la durée des espèces peut les faire méconnaître ; 10° qu'il convient d'adopter quelques modifications aux signes linnéens admis pour représenter les divers états signalés plus haut.

Toulouse, Imprimerie de Charles Douladoure.

www.ingramcontent.com/pod-product-compliance
Ingram Content Group UK Ltd.
Pitfield, Milton Keynes, MK11 3LW, UK
UKHW021504260726
13993UKWH00004B/1558

9 782329 269252